創意、創價與創業

「發展國際一流大學及頂尖研究中心計畫」

產學合作高等教育論壇

序

做相信夢想的實踐家

國立交通大學校長 **吳重雨**

哥倫布曾說：「勇於追求新的地平線，就是冒險家。」過去涇渭分明的學術界與產業界，在政府各部會攜手全力推動下，漸次整合，為台灣高等教育開闢另一片沃土。然而，要成為求新的冒險家，就是必須面對種種現實的挑戰，並同時不喪失信心。

根據調查數據，台灣科技產業界高階主管有60％以上是交大校友，在校所學和在業界所用如何適切地橋接，一直是學校經營中重要的環節之一；而極具向心力的交大校友網絡也讓學研能力落實到產業界的可能性大大增加；而更重要的是，交大在台建校五十一年來，由學長們奠下的成功經驗，不斷地激勵在學的新生代。這些優勢，讓我們能以在此將交大經驗與大家分享，也希望這樣的創意、創業與創價可能，提供挑戰未來的勇者更多的信心，能在更多學校中生根發芽。

哈佛大學甘迺迪政府學院院長約瑟夫　奈伊在1990年首先提出了《柔性權力》（Soft Power，又譯為「軟實力」），雖然它主要應用在國家層面，但由於它是相對於武力的一種力量，涵蓋價值、生活方式、學術文化，當我們在談產學合作時，從這個角度來看，或許更為適切。誠如作者在書中所言：「每個國家、組織都擁有柔性權力或可轉化為柔性權力的資源，但是各自的文化、呈現方式、預期目標都不相同。因此，大至國家、小至個人，最重要的是根據自身的價值與目標，找出適合自己而且最有效的柔性權力資源。」產學合作，正是體現學校柔性實力的最佳平台。

因此，《產學合作高等教育論壇—創意、創價與創業》一書分為三部分。第一章提供中興大學、清華大學、成功大學及台灣科技大學的「產學合作績效激勵方案落實機制」的作法，以「營運規劃面」、「組織面」、「管理面」、「控制面」等面向，介紹以上學校推動產學合作之具體策略，供學界參酌，期冀各校都能建構起更優越、更適合學校特色的產學合作平台。

第二章則介紹產學合作媒介龍頭，藉著「工業技術研究院」史欽泰董事長及曲新生副院長的經驗，瞭解學界與業界間的研發落差、教授的研究心態及業界對研發上的需求等，提示學校怎樣以業界角度來看如何產生企業效應，以及企業跟學校該如何在產學合作上取得發展的平衡點。本章亦以宏碁產品價值創新中心張瑞川技術總監的經驗，分享教授如何進入到業界，從事實際創發、協助產業突破創新。整合型產學合作推動計畫賴宏誌協同主持人，亦從學研能量如何落實至產業界著眼，剖析產學合作的機會與挑戰。

在《從A到A＋》一書中，作者指出企業由優秀到卓越的轉型奧秘，其中之一就是它絕非一蹴可及。這樣的轉型絕不是靠一次決定性的行動、一項卓越的計畫、一點點好運氣或一場痛苦的革命，就能脫胎換骨，而是來自於不斷重複正確的作法，點點滴滴累積而成的。交通大學連續三年在產學合作績效評量績優學校-「智權產出成果與應用效益」構面上獲得第一，就是歸功於長期以來穩健經營成長。第三章中，專訪工業技術研究院創意中心薛文珍主任，以反向思考的方式，看產學合作的衍生，以及如何引導學生創意。交大張翼與陳三元兩位教授為本書「創價」過程的代表。兩位教授個別陳述從業界經驗和成為產學合作常勝軍的秘訣，以及投入研究，透過創意競賽，創造研發價值，成為產學合作推手的過程。

在「創業」部分，以「先進釋放技術公司」及「無名小站」為代表，以組合訪問方式，從學校育成、教授及學生的角度，討論創業階段所需面臨的挑戰。各位讀者可以從交大的範例中，得到一個明證，那就是每個人都是自己的命運建築師，每個發想都可以創造出無可限量的未來。

　　未來屬於那些相信他們美好夢想的人！在此祝福所有懷抱希望的實踐者！

邁向頂尖大學策略聯盟簡介

依據2005年「行政院高等教育宏觀規劃委員會」及行政院經建會「新十大建設」之規劃，為提升我國高等教育競爭力，以5年內至少10個頂尖研究中心或領域居亞洲一流；10年內至少一所大學躋身國際一流大學之列為目標，在不影響高等教育預算規劃下，以外加方式編列5年500億之特別預算支持「邁向頂尖大學計畫」，經審查，第一梯次計有十二學校獲得補助：台灣大學、成功大學、清華大學、交通大學、中央大學、陽明大學、中山大學、中興大學、政治大學、台灣科技大學、元智大學、長庚大學。第二梯次計有十一校獲得補助：台灣大學、成功大學、清華大學、交通大學、中央大學、陽明大學、中山大學、中興大學、政治大學、台灣科技大學、長庚大學。

為促進執行「邁向頂尖大學計畫」之成效，由獲補助之學校組成「邁向頂尖大學策略聯盟」，由各校校長共同組成，第一屆召集人為台灣大學李嗣涔校長。另，聯盟為推動工作需要，設置秘書處及工作小組，工作小組成員由聯盟大學校長指定之代表組成，秘書長由召集人提名經聯盟會議通過聘免之，第一屆秘書長為台灣大學陳基旺研發長。

本書係依據「邁向頂尖大學策略聯盟」工作小組之決策，規劃產學合作高等教育論壇，並將論壇之精華結集出版，以嚮大眾。

CONTENTS

第一章
政府學校策略面

面對全球化的競爭，台灣以蕞爾小島要在產業經濟上具有足夠競爭力，必須將知識轉化成經濟效益，促進產業再造與創新能力。而大學為高等知識殿堂，其研發能力為知識創新的發源，因此如何將大學的研發提升成具經濟價值的層面，需要政府、學校及產業界攜手合作，以有效的「產學合作」模式聯袂，共創台灣知識經濟的高峰。

本書第一章，即先從政府推動產學合作的角度、政策目標，及對強化大學社會責任的期許開始，以教育部的立場分類適性推動產學合作與資源分配，帶動學校建立良性產學伙伴關係，進而提升產業前瞻創新能力。在政府的配套措施之後，本章提供中興大學、清華大學、成功大學及台灣科技大學的「產學合作績效激勵方案落實機制」的作法，以「營運規劃面」、「組織面」、「管理面」、「控制面」等面向，介紹以上學校推動產學合作之策略作法，供學界參酌效法。

除了產學合作落實機制之外，本章亦提供連續蟬聯96、97年產學合作績效評量績優學校-「智權產出成果與應用效益」構面第一名的交通大學其在智權與技轉方面的策略規劃，剖析目前各學校在智權管理與技術移轉推動上需面對的問題，並說明交大在推動創新性研究與產學合作連結上，所進行的策略規劃方法等，讓欲深化推動產學合作的大學，能一窺各翹楚學校的運作營運機制，建立具各校特色的產學合作模式。

加值大學產學合作創新與連結——強化大學社會責任

呂木琳

亞洲大學講座教授

學經歷／獲獎

- 美國奧斯汀德州大學哲學博士
- 教育部主秘、常次、政次
- 內政部主秘
- 行政院大陸委員會文教處處長
- 省立博物館館長
- 省縣教育廳局督學科長

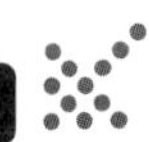

壹、前言

學研加值 大學品質升級

推動大學校院強化產學合作是政府各個部會包括教育部在內近年的重要政策。在早期的時候，教育部與國科會為提升整體大學環境的學術水準，推出所謂「卓越計畫」，並延續推動「後卓越計畫」，組成相當堅強的審查委員會，然後由各個學校提出研究的領域、團隊及研究計畫。當時的規劃目的，是寄望能延攬國外的優秀研究人員加入國內的團隊，且由跨校性的團隊模式，以研究領域為團隊基礎，破除學校單位的藩籬，希望能夠把國內台灣最強的團隊組成一個在某一個領域最強的團隊，不單只是侷限在某一個學校，而是以某一個學校為主，但是把其他學校的尖端的人也能夠聚集在一起，學術上希望有突破。實質上，卓越計畫對我們大學學術發展是有正面幫助，但是很可惜的沒有達到當初原始規劃的目的，也因此實施1期後就停止全面辦理，而由國科會後卓越計畫，經過更新、選擇比較有成效的團隊繼續下去。

在卓越與後卓越計畫後，政府需提升台灣高等教育的水準，應有更前瞻與積極的作為，因此行政院組成了高等教育宏觀委員會，由國立中央大學劉前校長兆漢擔任召集人，其討論的重要結論之一：「在大學設立普及化，大學的功能與定位應有的區分」，所以才會有透過發展國際一流大學與頂尖研究中心（五年五百億）的計畫，希望能夠選擇建立台灣的「研究型大學」，能提供給它比較充裕的經費，由大學延攬一些傑出的人才，對大學的研究體質做根本性的補強與扭轉。而五年五百億的計畫已經實施至第四年，實際而言，這個計畫對國內的高等教育的生態已有一些重要的改變；事實上，爭取提供五年五百億計畫的學校間競爭非常激烈，該良性競爭的環境，落實成學校必須在經費挹注下能呈現出相當的成果，並且建立校內追求卓越的機制，包括經費適當的分配方式與管理、教師的評量與激勵及研究成果與經費連結調整等等。五年五百億這項計畫甫提出之際，深受社會輿論、立法院的強烈批判與要求，社會皆相當期待特別經費的支持須要得到成果作為回應，也因此教育部在五年五百億計畫的前二年先試行，兩年以後再決定未來三年的經費分配如何調整，教育部為此設定了一些定期審查（review）的機制，參與計畫的學校承受了相當的壓力；然而，就結果而言，學校從國外禮聘回來的學者專家確實對大學產生激勵與正面的影響，相信對台灣高等教育是正面的幫助。

教學研究 大學核心價值

另外有一部份就是教學卓越的計畫，大學除了研究之外，教學亦非常重要，即使是納入五年五百億計畫的研究型大學，對教學的要求亦應如同研究般的高標準，卓越的教學是所有大學都應具備的核心價值。教育部教學卓越計畫的經費來源並不多，第一年只有由高教司撥發十億的經費，但成效為各界期待與重視，第二年開始行政院特別核撥了三年一百五十億的經費，包括一般大學與技職校院；這計畫的效果在於經費的競爭性引導設計，許多大學為了爭取這個經費，過去未重視老師教學效果的，重新省思重視學校的核心目標；過去未重視輔導學生學習的成效，亦產生反思與重視，此以學生為本位的教學，正是大學教育最重要的任務與價值。試想如果大學僅純粹作研究，便與一般研究機構並沒有差別，如中央研究院，將如何分別出學校與研究機構的差異性，因此，培育人才 讓老師授予知識，讓學生學習新知，這個其實才是大學教育的本質，是大學最重要核心的一個功能。教育

部最近參訪及評審學校的計畫執行效，過去私立學校的教學品質較受關切，但對教學卓越計畫的經費，對私立學校的影響相當大，評審結果亦呈現了私立學校的用心與改變，更可貴的是，私立學校認知教育目標特色的重要性，反思在研究資源未能與公立學校競爭的大環境下，在教學方面的努力能獲得家長與學生的信心與回應，而能有良好的成效。

產學合作 大學社會服務貢獻

大學的功能，在大學法敘明的相當清楚：教學、研究與社會服務；在研究方面，從卓越計畫到五年五百億，政府規劃了特別的經費來協助學校；在教學方面，教學卓越計畫促進了學校的再省思教育的核心價值。另外一個大學功能就是對社會的服務，社會包括了士農工商各個層面，簡單的說，就是社會經濟與生活的層面，即社會各種產業的進行活動；而大學的社會功能如何與社會經濟產業連結與合作，過去政府各個部門亦努力設計各種產學合作計畫，但由於分別在各部會間依職掌推動，顯得較為分散與凌亂，缺乏統整性的政策連結，整體性的功能效果，就無法相當彰顯。因此，在25及26次行政院科技顧問會議結論，對推動產學合作政策目標皆聚焦於：「引導學術研發能量至產業界，強化科技研發與產業創新的連結」。

過去，站在教育部立場，曾提出比照研究型大學，比照教學卓越，由政府籌措特別經費作為產學合作的經費，有依執行成效與能量的給予經費獎助，初期希望能籌到十億、二十億的經費，但實務上要籌到如此高的金額，對政府預算而言，並非易事；本人亦因此特別拜會各部會，由教育部、國科會、經濟部分別提供一些經費，藉由三個部門的集合能有一筆較具規模的經費，比照教學卓越計畫的方式來鼓勵學校往產學合作方向去精煉學研成果，對社會經濟有正面而有系統的貢獻。然而跨部會在資源有限下，各有原政策目標需兼顧達成，經費的籌措進行相當困難。所幸後來，教育部跟行政院科技顧問小組努力下，逐漸形成發展出現在的產學推動機制，初步達成與國科會與經濟部部分資源連結運用的效果，期待這樣的機制跟與連結，能對大學產學合作的推動有實質的幫助，讓大學的社會責任得以更大的發揮空間。

貳、產學合作的政策目標

建立產學夥伴關係，提升產業前瞻創新力

大學推動產業合作的意義，最主要的透過產、學、研之間研發夥伴的關係的建立，促使大學知識能夠產業化；然而這個耳熟能詳的原則如何落實，並非易事；而台灣全國博士級的研究人員有百分之七十幾都在大學，這在國際比較上是相當突出的比例，理論上而言，大學聚集了大部分的國家研究人員，它的研發的能量應該成為社會經濟創新的強力後援，如果能充分的發揮大學研究力量，對社會經濟與產業升級的影響，將是無遠弗屆。坦言之，過去大學研究的量其功能之發揮並不如預期，這方面的改革與強化，也就是產學合作最主要的意義所在。易言之，如果我們能促使大學知識產業化，能順利將大學創新的知識與技術引導為產業應用，不但可使企業獲增科技基礎研究，先端技術的發展，更可提供產業創新的資源，提升產業創新的能力；而經濟產業的成功，將直接影響國人的生活品質與經濟環境，這是產學合作在社會貢獻最主要的意義所在。

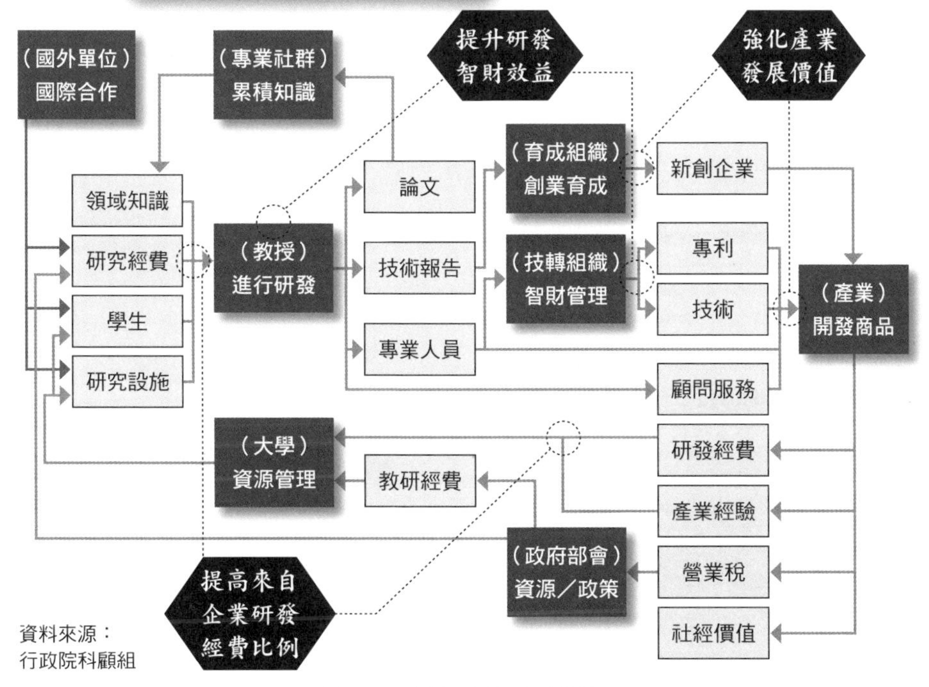

圖1：產學合作的政策目標

上圖「產學合作重要性分析—價值倍增之關鍵脈點」來自於科技顧問小組，簡單的說，在大學資源的投入面，包括研究經費、學生、設施，投入然後經過教授的研發，產出論文、技術報告或專業學術著作等，但是如果研發的目的至此為止是相當可惜而效益未全的。其實有些研發成果是可以再前進advance到產業端，這中間的轉譯過程（translation），包括專利設計、技術移轉與行銷組合等產業化的階段。而大學研發成果林林總總，如何發展讓有商業潛能的技術可實際應用至產業的部份，科技顧問小組發展幾個關鍵的脈點，分別由教育部、國科會與經濟部合作執行。過去政府產學合作計畫相當分散，教育部、國科會與經濟部各行其道，國科會的大產學、小產學計畫，經濟部有業界科專、學界科專、育成中心計畫，如何做整合，會是產學價值精進的關鍵所在。因此，我們設計了三個部會合作的方式，特別針對中間轉譯教授的研發過程，教育部、經濟部與國科會分別在不同階段予以支持。在教育部的部份，希望提高來自業界研發經費的比例，企業能夠獲利，獲利能再回饋給大學；國科會管理的部份是技轉組織、智財管理的部份；經濟部而言，則是著重創業育成中心，從產品去開發企業的新創與創新，如此形成一個簡單完整的產學互動結構。

三項產學政策目標，促進大學知識產業化

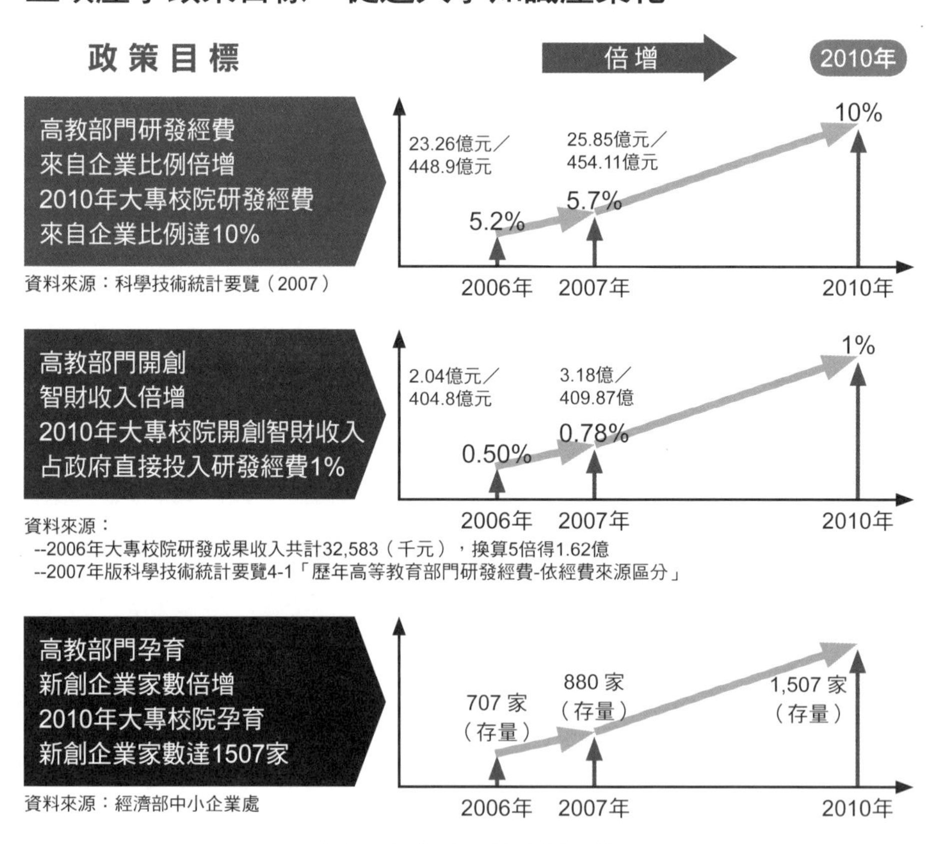

圖2：行政院產學合作目標

上圖是行政院產學合作具體的目標。第一項目標是希望高等教育部門的研發經費來自企業的比例倍增到2010年。2006年的時候，所有高教部門的研發經費是448.9億，來自企業界的是23. 26億，佔5.2%。希望在2010年能增加到10%，這是第一個目標。希望來自企業的研究經費比例能夠增加，其實現在大學主要的研究經費，絕大部分來自於國科會、政府部門中的農委會、衛生署、教育部，來自於企業界的非常低，只有5.2%，到去年增加到5.7%，所以政策規劃上希望2010年能夠增加到10%。第二項目標是高教部門的智財收入能夠佔政府直接投入研發經費的1%， 2006年所有國內的公私立大學智財的收入才2.04億，只有全部研發經費的0.5%，才2.04億元，希望到2010年能夠成長至1%。誠言之，2.04億收益經費，其實不高，參考麻省理工學院（MIT）在2006年的智財收入，卻是高達13億台幣，約四千萬多美金，所以政府在政策目標上，希望比例能夠慢慢增加到1%。另外一個目標就是育成的數目能夠增加，2006年有707家，政策規劃上希望2010年有1507家，這三項目標即是行政院請各部會一起負責的目標。

國立大學研發資源豐富 產學貢獻程度待強化

表1：大專技校研發資源來源

資料年份：2007年

類別	研發經費來自企業		智財收入		新創企業家數	
	總研發經費（億）	經費來自企業比例（%）	智財收入（億）	佔政府研發經費比例（%）	育成且技轉新創公司數	技轉新創公司比例（%）
國立大學	319.9	3.5%	1.91	0.65%	11	29.8%
私立大學	74.6	6.7%	0.77	1.23%	17	22.8%
國立技職	29.9	13.4%	0.29	1.13%	16	21.4%
私立技職	33.6	17.9%	0.21	0.80%	17	30.0%
合計	454.11	5.7%	3.18	0.78%	61	26.7%

資料來源：行院科顧組

這個表格可以提供各位來做參考。若將大學分為國立大學、私立大學、國立技職、私立技職。國立大學的研發總經費是319億，經費來自於企業的比例是3.5%，智財收入的部份，2007年智財收入的是3.18億，公立大學佔了1.9億，比例上是最高的。但是，如果跟研發總經費來比，僅佔0.65%。就育成公司的家數而言，由表格上的數據可知，私立大學是17間，國立技職教育16間，私立技職教育研發的經費不高，但是育成公司的數目比國立多，其原因是其校數差距，私立技職教育校數多（73間），但是從比例來講，國立大學的研發經費是比較豐富，顯然產學的貢獻度其實是有待強化，當然基數越大，比例就會越低，但是比例如果能夠持平，產學貢獻度會有更大效果。在執行這些納入五年五百億計畫的學校，其實學校的研發能力最強、研究經費最充裕，如果從經費來自於企業跟智財收入而言，這中間還有努力的空間。

參、產學合作的政策理念與方向

大學產學合作研究成果產品化合理模式

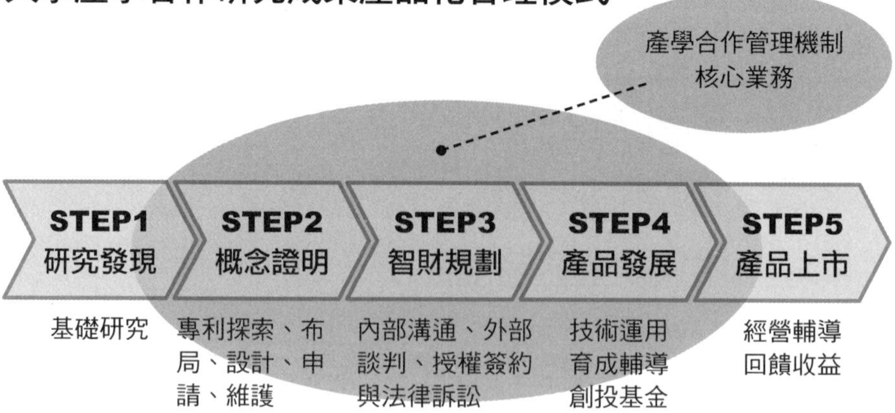

產學合作管理機制
核心業務

STEP1 研究發現
STEP2 概念證明
STEP3 智財規劃
STEP4 產品發展
STEP5 產品上市

基礎研究
專利探索、布局、設計、申請、維護
內部溝通、外部談判、授權簽約與法律訴訟
技術運用
育成輔導
創投基金
經營輔導
回饋收益

圖3：大學產學合作步驟

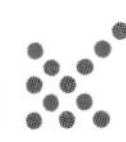

產學合作管理的核心是在智財管理，研究發現要經過專利探索、佈局、內部溝通、簽約、法律，然後一直到技術的運用、產品的上市的過程是非常長的，這是個相當艱鉅的工作不容易達成，並不是光靠學術理論上就可以完成，學校研發的轉譯要克服蠻多的困難，智財管理的能量與資源是大學內部較為欠缺。

所以教育部推動的產學合作新計畫構想中特意強化此功能，最主要建立一個大學親產學的校園環境，這包括獎勵的引導。其中學校鬆綁作為包括人事、會計、法令。這部份，政府相當重視努力，行政院及立法院也給予很大的支持，在人員晉用與薪資有放寬、鬆綁的彈性，但是要完全排除，人事、會計、法令的鬆綁，惟有未來法人化之後，這一部分教育部亦成立法化工作人小組在積極研議當中。而在實際瞭解部份大學的想法與溝通後，國立大學對法人化並不像過去那樣的排斥，學校與教師亦提高了法人化推動的願意。另外，教師的評量、升等的方面，能在產學的績效上能夠再加強與獎勵引導；2007年教育部委請高等教育評鑑中心推動有史以來第一次大學產學合作的專業評量，對產學的各個面向績效進行評比排名，評量的結果對大學重視產學的環境有相當程度的提升。綜合而言，我們希望透過大學內部的產學合作的管理組織整合，而能提升產學外部的效益。

肆、教育部產學合作分類計畫

分類適性推動 資源合宜分配

目前教育部的做法分為三部份：第一部份，對於研發潛能的大學，有一個激勵方案，挑選全國研發潛能最強的十所學校，而且產學合作發展模式表現良好的，並給予獎助。在去年已經有挑選六間學校，這選拔活動仍會繼續舉辦。另外一個部份，是沒有進到前十名的學校，將會有二十到二十五所學校，納入教育部區域產學連結的績效計畫。這項是教育部、經濟部及國科會一起研擬訂定，補助特定的專業領域，並結合地區的產業，學校如果入選的話是配合學校特定的研究領域，而且必須跟附近的產業發展做結合。第三部份是具產業服務潛能的大學，這部份是以技專校院為主。過去有六個產學中心及四十個技研中心輔助的計畫，這屬於持續計畫，大約涵概有四十間學校。配合前述十所學校的激勵方案與二十至二十五所的區域連結計畫，從三年期的特別經費到持續型的經費補助，教育部的產學合作可謂綿密的構成一個金字塔型的組織計畫網，對各類型學校，適時適性的予以協助，全力推動產學合作。

學校類別	計畫型態與核心宗旨	目標校數
具研發潛能之大學	產學合作績效激勵方案 獎助全面性產學合作發展模式 帶動學校學習效應	10校
具產學研發特色及地區經濟結合潛能之大學	區域產學連結績效計畫 補助特定專業領域 結合地域產業發展模式	20～25校
具產業服務潛能之大學	區域產學中心及技研中心補助計畫 協助產學媒合，串連整合技專校院研發團 隊，促進產學連結成效	40校

圖4：教育部推動產學合作分類計畫

進一步而言，上述表列可以明顯得知，第一個就是大學產學合作的激勵方案，最主要的是重點學校的獎助，集中資源於產學能量及潛

能較佳的學校，著重校園產學整合的機制跟建立。例如，學校裡面有的是研發長在負責執行，但是研發長又管不到育成中心，或有時候很多的產學計畫又個別接案，各個院系自己接案，所以校內沒有一個整合，如果參與這個方案，學校內部沒有整合，整體的智財規劃能力就很薄弱，再強的研發能力都會枉然。

第一期執行學校有較高的經費，金額從1600萬到1800萬，執行三年，這部份是由科預預算所提供的。第二期今（98）年八月開始徵詢，在十月公告，二期的執行學校大約有10所，最主要是協助學校能夠加強在智財的管理及談判能量的提升。在執行的過程，我們發現學校非常重視專業能量的建立，例如成功大學首開先例外聘具產業實務經驗的專業經理人擔任執行長；希望得到特別經費的學校，剛開始試著與校內教授的溝通，讓教授願意去申請專利並從旁協助其申請專利，甚至能跟企業界做一些媒合，能夠從基本的發現到最後的產品。易言之，在計畫推動下，大學在研發到產業應用的中間階段，透過專業經理人的橋接，能夠幫助完成這項工作。初步是以校內為主。未來希望這些學校能有智財權的專業人員，它有一些專業經理人，能服務學校之外，擴大的服務到附近的大專校院。我們希望能夠做到這一點，因為碍於資源，教育部不可能支持每一間學校都有專業經理人來做智財管理與橋接，也不可能每間學校都聘智慧財產權法律這方面的專業人員來執行，有時候這些專業人員待遇都要相當高，我們先重點的支持部份大學，然後有一些經驗成效，等這些大學力量茁壯後，也許透過收費的方式服務附近的學校，這可以彌補校內智慧財產人員的不足、專業經理人人才不足、待遇等困擾。

第二部份的區域產學連結計畫，其對象是沒有進到激勵方案的學校，可以利用特定的產業跟地區，呼應地區的產業的發展。一個是特定的領域，一個是區域的發展，將學校重點研究與地方產業特色相扣合，集中資源發展重點的產學合作案。誠如前面所述，這個部分經費來自科發基金，將爭取一億六千萬的經費來推動，規劃是每年八月會受理申請，通過的名單在十月會公佈，選擇二十到二十五所學校，指標是區域經濟連結的程度，具產學專業領域中型的學校，執行三年，每一年提供金額為最高九百萬。最主要是區域性的、領域性的因此提供的經費較激勵方案為少，但都屬於基礎建設block funding性質。

最後一項，教育部技職司推動了一段時間，有六個區域產學中心、 四十個技研中心的投資計畫，這個投資計畫屬基礎紮根工作，屬延續性計畫，六個區域產學中心，有地區的分布，當然是在產學經驗與能量比較好的學校，最主要是作為學校的發現跟企業界的媒合，而四十所技術研發中心，從92年開始做，每年補助700萬，是針對與企業共同研發的計畫為補助，和前二項計畫不同的是，這是一個project funding的計畫。

所以規畫分三類，第一類是十所大學，它的研發能力最強，它能夠服務其他學校的能力也最強。

學校能夠延攬合作專業經營團隊或人才，所以給它經費比較高一點，最主要延攬專業經理人，包括智財權的專家，它需要比較多的經費，主要目的是建立一個產學合作典範，這個一年大概1.8億。另外一類就是區域性產學計畫，特定領域的研發能量的學校，教育部將與行政院各部會研討後會公佈區域與領域，優先獎勵對象為結合地區經濟者，提升對中小企業的補助跟技術擴散的目標，對地區發展會有所幫助，每一年約 1.6億左右經費預算，但因為獎勵補助學校的數目多，所以分到的經費是約第一類執行學校的一半。最後一類是從91、92年開始執行的產學基礎建構計畫，其中區域產學合作中心計畫每年三千萬

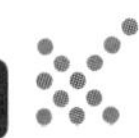

預算，技術研發中心則約每年1.6億預算。教育部的產學合作推動分類大致是分成以上三部份。

表2：教育部產學進作計畫分類

	產學合作績效激勵方案	區域產學合作連結績效計畫	區域產學中心及技研中心補助計畫
對象	以具高研發能量之大專校院為獎助及激勵對象	以具特定領域研發能量結合地域性產業發展為獎助及激勵對象	以技職校院為主、具技術研發良好基礎，且符合當前產業發展之需求者
目標	激勵學校延攬產學合作專業經營團隊或人才，形塑大專校院全面性發展產學合作營運管理之組織與機制典範	提升對中小企業輔助及技術擴散目標，著重於地區產業經濟發展共榮，建立務實服務的產學管理模式	強化技職校院與產業界媒合連繫，累積產學合作技術與經驗，建立技職實務特色，協助技職校院轉型發展
經費	●97年9100萬 ●98年1億8000萬 ●99年1億8000萬 ●100年9100萬	●98年合計1億6000萬 ●99年1億6000萬 ●100年1億6000萬	●區域產學中心計畫每年約3000萬 ●技研中心計畫每年約1億6000萬

伍、產學合作的未來展望

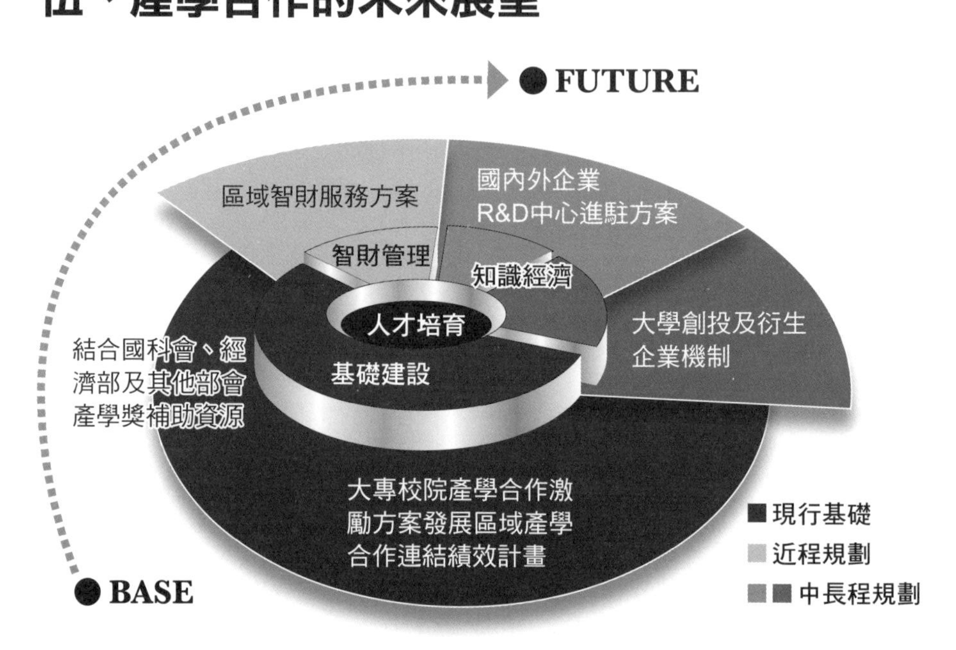

圖5：產學合作規畫圖

在政府產學合作展望方面，將是結合國科會、經濟部跟其他部會的獎補助資源，奠定產學跨部會合作，建立資源有效利用的基礎，改變過去各部會自推動而無橫向連繫的困境，例如經濟部補助大學設有育成中心，可是教育部從來不知道那些學校有育成中心，經由什麼機制選的，亦不知道其產生的是如何過程，而其它如學界科專、業界科專亦然，同樣的，國科會的大產學、小產學計畫，教育部與經濟部亦也不知道如何配合，而教育部也有六個區域產學中心、四十個研發中心，但國科會跟經濟部也都不知道在政策上如何與教育部推行計畫搭配。所以在行政院的召集下，成立共同審查的平台，之後國科會、經濟部、教育部的產學計畫在平台上便能資訊往來與協調，因此可避免資源重複浪費，這就是在產學激勵方案，主要在促進學校內的整合，

否則產學合作，似乎都是教授自己的事情，要不然就是各單位各行其事，沒有一個整合的機制，力量和效益就無法展現出來。這部份經過一、二年的努力已經開始運作了，相信未來能開花結果，落實整體性的跨部會合作。

未來在跨部會的合作基礎上規劃再推動區域智財服務方案，即先前所述的激勵方案十所大學，希望這些典範學校能夠發展為區域智財的服務。未來法規鬆綁後，除了技術作價與投資，亦能有大學創投及衍生企業的機制，當然涉及了大學經營理念與法規實務的問題，尚需再釐清與規劃專家學者的意見。另一個中長程的計畫是關於企業R&D中心能夠進駐到學校，直接將學校的學術研發與企業的產品研發結合，即大學學術實驗室做前端但實用的研究。

圖6：政府對大學產學合作之展望

在大學辦理產學合作的展望方面，期待能真正落實實現創新知識的國家，當務之急是建立完善的大學產學管理機制，學校內部有充足的產學專業人員，有合意互動的產學關係，訂定合宜而彈性的法規讓教師與專業人員發揮所長，當然站在教育部的立場，前瞻的產學研究合作跟務實產學人才的培育結合，讓畢業生能成為產業有用的人才，才是企業發展的根本大計，這亦是重要的努力面向。

陸、結語：產學合作的再省思

提升產學合作對大學教學研究的回饋效益

產學合作並不一定只單向對企業有幫助，應該要有一些回饋的機制。經過產學合作，因為藉由大學的研究發現，企業的產品銷售有幫助而提高了利潤，回饋應對大學教學研究有實質的幫助，即在政府經費有限之情況下，是產學回饋對大學經營、經費有相當重要的幫助；而另一方面，企業的回饋對教學也是有幫助的。對教學的回饋意思是說：「不能忽略學生進到學校之後、畢業之前，讓他具備謀職的能力是不能忽略的。」尤其現在錄取率越來越高，甚至100%的情況底下，怎麼能不去注意到這一塊？如果跟企業合作就有一種回饋，讓學生直接跟產業界接觸的機會就多一點。有人憧憬過去的文理學院，培養的是一些廣博的人文素養，像美國還有2-3%文理學院的學生，它一律是住校的，沒有實用性很強的科系，僅開經濟學、哲學、歷史、語文、數學、物理，都是比較基礎的學科，美國還是有一部分人堅持這樣的路，這種堅持我們可以理解，但大部分都是私立學校，公立學校很難不去回應企業界的需要，不去回應社會的需要，這種趨勢只會越來越強烈。就個人經驗而言，與美商及歐商國外代表在討論之際，往往抱怨說台灣訓練出來的學生沒有實務經驗，如果藉由產學合作為橋樑，

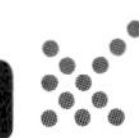

要安排學生實習相較容易，此種回饋是對學生學習的正面助益，值得大學再深思。

突破大學經營管理思維與尊重產學專業

在大學的環境裡，常有教師會提出存疑，對大學延攬專業經理人比較高的待遇，但卻不是從學術地位評價敘薪，如此的質疑，其實顯示了大學在推動產學合作時，有文化上與制度上的困境。這涉及我國教育環境，對於多元化與差異化的認知與容忍；一方面大家認為多元差異對校園的重要，因為可以提升競爭力，但另一方面卻有力量要拉平。可是另外一種力量拉著大家要拉平，不能夠差異太大，這樣的矛盾，在大學推動產學合作時亦相當常見。

關於差異與多元的學校文化與經營管理，有個故事想與各位分享。個人曾代表鄭部長（前教育部長鄭瑞城）到祕魯去參加APEC的教育部長會議而參觀祕魯幾所學校，而祕魯當地是印加王國與殖民地的融合，當地的文化，現在的企業，工業水準其實不是很高，但其中有一所從小學到高中的學校，令人十分印象深刻，學校的學生必須會三種語言，一個是當地的西班牙文，一個是法文，一個是英文，現在想要第四種語言--中文，希望台灣能夠提供一點中文的教材。這個學校所展現的容許，對中小學教育的差異化、多元化的容許是相當高的，相較之下，國內就法規上要容許一個私立學校，要求課程做這樣特殊的安排，會有些許阻礙，這是還要經過一段討論與觀念衝擊才能讓大家慢慢接受，而國內大學目前亦有同樣的問題；大學產學專業經理人的工作，是和一般教學研究不同的價值，但都是大學功能的重要面向，了解產業端跟學術端，能夠做一些媒合，能夠創造一些產值，如此專業經紀人拿比較高的待遇，是值得容許。當然如此發展，也有人提出大學終究不是企業之質疑，容忍差至何等程度，是值得共同思考的大學產學倫理問題。

形成產學倫理之共識

關於產學倫理的共識，這是未來大學推動產學合作必然遭遇的挑戰，大學倫理ETHIC建立，是需要學校經營者及教師研究者的共同討論對話，教育部其實非常期待大學的共識，以做為未來產學合作政策的參考。因為合宜的產學倫理建立需要時間的蘊釀，尊重產學專業是正確方向，但是程度深淺、利益衝突及教學責任等議題，都涉及整體校園的倫理規範事宜。在產學合作最興的美國，近年亦有相當的思辯，例如教授自己有的公司，然後產值非常高，但其身分代表是大學知識傳遞者或是利益創造者，這中間倫理關係與利益平衡的議題，非常值得各位探索的。最後，謹於本次機會，請大學重視產學合作的推動，因為無論在學術研究或教學實習，產學合作對大學發展的影響都將日益深遠，是大學不得不面對的重要課題，本文謹提供行政院及教育部的相關政策作為及個人想法，各位大學的經營管理者-校長及大學教師，才是產學合作成功與否的關鍵人物。

產學合作績效激勵方案之落實機制（一）

黃永勝

中興大學副校長

學經歷／獲獎

- 美國復旦大學 生科系（生化）博士（Fordham University, New York）
- 美國營養學院院士（FACN）
- 美國國家臨床生化科學院院士（FACB）
- 美國油脂化學學會會士 （AOCS Fellow）
- 美國油脂化學學會生技終身成就獎
- 美國油脂化學學會亞洲分會主席
- 國際生物催化與生物技術學會秘書長
- 台灣中部科學園區產學訓協會秘書長
- 國立中興大學講座教授

各位學術的先進前輩，本校產學合作績效激勵方案落實機制的報告主要分為兩部份，第一部份是歷年來中興大學產學合作的績效，第二部份對於教育部產學合作激勵方案，學校針對四大重點進行落實，包括向校內產學合作組織的資源整合、人力資源的招募及整合、產學環境的建置，還有產學機制的結合，都會逐條報告。

一、歷年來中興大學產學合作績效

首先介紹中興大學歷年的績效。必須先談到的是創新育成中心，本中心從2002-2006年連續五年獲得教育部評為「年度績優育成中心」，2002及2005年被經濟部評為「年度績優經理人」，目前中興大學在中科園區興建了創業育成中心，有近800坪的空間，除了提供給企業進駐使用之外，也用來作為進行本校研發的推動與企業合作的工作。圖1是校本部的育成中心，圖2是中科園區的創新育成大樓。

圖1：校本部創新育成中心大樓

圖2：中科園區創新育成中心大樓

有關產學合作，從94、95、96年度與廠商之產學合作計畫執行，經費每年都向上成長，從一億兩千萬一直增加到一億六千多萬。本校也通過經濟部工業局「R2-技術能量登錄機構」。在技術授權中心方面，榮獲 93、95、96年 「績優技術移轉中心」獎助金，也連續四年獲得國科會技術移轉個案的獎勵，93年2件、94年1件、95年3件、96年五件，共計11件（學術界全國第一）。94-97年連續四年獲得權利金收入超過千萬元。圖3為本校 91-96年度專利申請件數統計圖，自93-95年連續三年，本校獲美國及歐洲專利件數17件，為全國第五。96年專利申請件數為151件，獲得專利為61件，連續四年擠身我國法人申請專利及核准件數排全國百大之列，由圖可以看出專利核准件數逐年在增加。其他績效，包括中興大學是全國第一所大學通過農委會研發成果管理制度評鑑。 92-94年、95-97年通過經濟部技術服務機構服務能量登錄單位，目前還是唯一的大學。97年獲教育部獎助大專院校產學合作激勵計畫，全國六所大學之一。

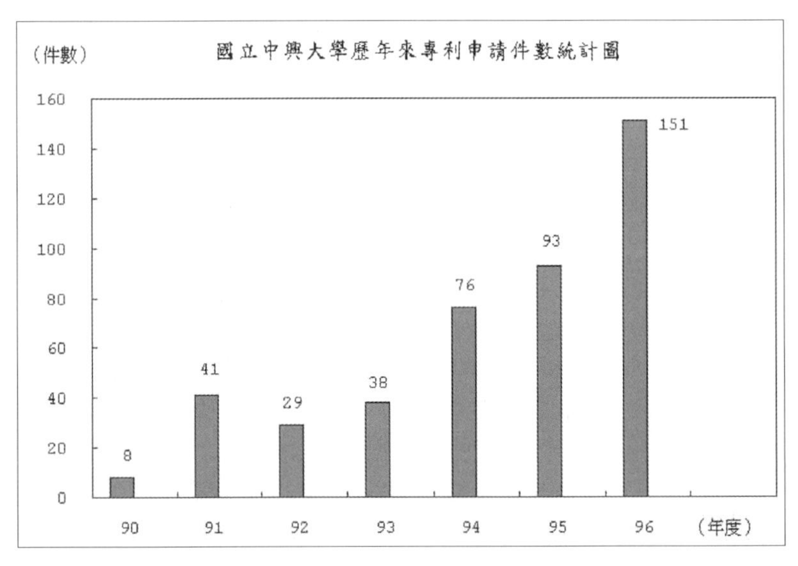

圖3：國立中興大學91-96年度專利申請件數統計圖

二、校內產學合作組織的資源整合

有關如何落實教育部產學合作激勵方案，這方面學校首先執行的是成立產學智財營運中心。 中心主要的結構如圖4，是在上面設一個

中心主任，下面設執行長、副執行長，在初期過渡時期由本校研發長來兼任。在產學智財營運中心內分為三個任務工作組，法務智財組、產學合作組、創業育成組。這些單位原來都是屬於研發處的，在97年年底從研發處獨立出來成為校內一級單位。中心主任是由校長請一位副校長來擔任也是計畫主持人。在過渡時期的時候， 執行長、副執行長，由研發長及副研發長來兼任。在97年12月12日校務會議通過的時候，中心就正式運作，學校聘請一位專業的總經理負責原來由執行長擔任之工作。中心下面分三組，分別是法務智財組、產學合作組、創業育成組，每一組都有一個資深經理，下面有數位經理，每一個組裡頭另外有數位專員。此外也設立產學智財管理委員會，除了學校一級主管之外，還聘請了一些外面公司的顧問，參與這個委員會，共同討論中心將來要走的方向以及一些有關智財法規的制定。雖然我們的工作職權畫分很清楚，但是他們三組必須要能相互協調及運作。

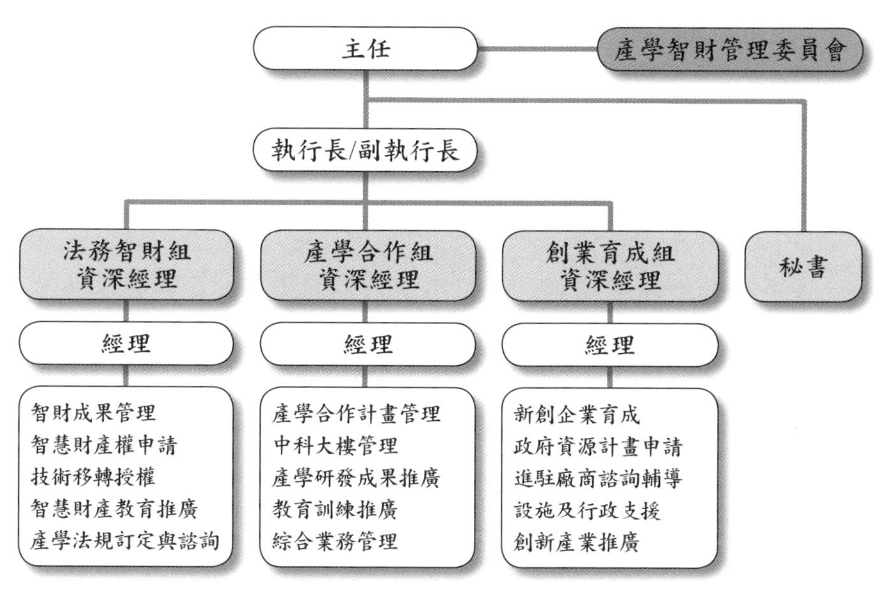

圖4：產學智財管理中心組織圖

有關績效導向的人力資源招募及整合方面，中心將積極聘用各類專業人才。在負責產學合作管理這方面的行政人員，必須具有特色，對技術的發展、產業的脈動也必須要有相當的了解。對專業方面的法規、知識也需有一定程度的了解。最主要的是必須具備對商業方面的策略以及協商的能力。根據這些本校訂定了一些聘任制度，經理人的聘任制度就是依照經理人的資格、能力來聘任，訂定績效考核。如果在第一年能夠達到預定績效的話，學校有績效獎金的制度，給予獎勵。反之，如果連續幾年未能達到預定績效的時候，學校有停聘的權利。另外設立專業人才培訓制度，有專業人員終身學習認證以及鼓勵人員進修與證照考試的管道。另外也設立了實習經理人，實習工程師的制度，讓學校裡科法組及企管組的學生、研究生能有機會參與運作。

在學校產學環境的建置方面，設立各項獎勵辦法，有教師借調辦法、專任教師校外兼職兼課審核原則、專任教師兼職或借調營利事業機構或團體收取學術回饋金辦法。另外學校也設立鼓勵老師建教合作計畫績優的獎金、獎杯的制度。若技轉金額超過200萬元的時候，學校會發給3萬元的獎勵，加上獎座，如果超過1000萬元的時候，獎金有20萬元，獎金的金額會累積增加的。

在推動師生創業風氣方面，每年十月份學校會舉辦創業大賽，目的除了培訓人才，培養學生除了在跨領域的合作以外，希望學生的研究方向以實用為主。另外還開設創業課程，輔導學生學習公司的法規，如何創立公司等課程，總計有三十個小時。學校也鼓勵學生參加校外的創業比賽，這些活動的推動是希望提升學生創業的風氣。

最後是校外產學機制部分，中興跟成大、中山成立大學聯盟，希望能結合三校的特色並整合資源。尤其這三所國立大學坐落在中科園

區、台中精密機械園區、南科園區、台南科工區以及屏東農業生技園區，希望藉由整合這三所學校的資源，幫助中南部科技的發展。例如在整合中部地區產官學研這方面，中科管理局與中興大學合作將中部地區的大專院校、產業界、經濟部勞委會等單位整合，成立了中科產學訓協會，正式在97年8月4日成立大會。希望藉由此協會整合中部地區的產官學研的合作與互動。

圖5是未來中興大學產學合作運作的方式，是以產學智財營運中心為主，整合產學、技轉、育成之方面，利用這個中心來整合校內的資源、個案的管理、專業的提升，期能提供校內全方位的服務。

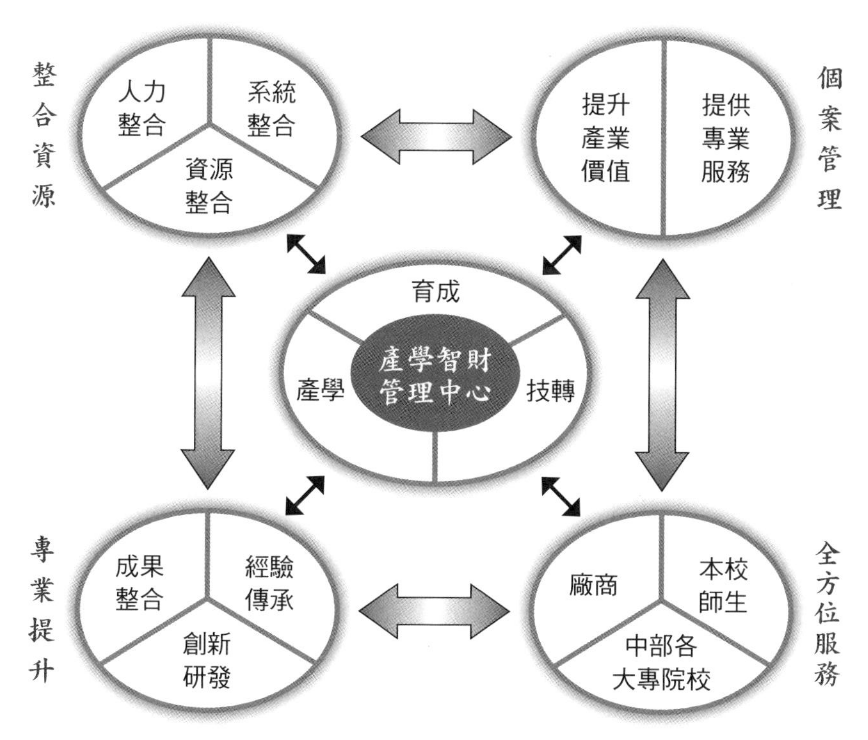

圖5：未來中興大學產學合作運作之模式

產學合作績效激勵方案之落實機制（二）

陳文村

清華大學校長

學經歷／獲獎

- 美國加州大學柏克萊分校電機工程與計算機科學博士
- 美國加州大學柏克萊分校計算機科學與工程傑出校友獎
- 第八屆教育部國家講座（終生榮譽）
- 中華民國科技管理學會院士
- 台灣積體電路設計學會特殊貢獻獎
- IEEE Fellow、 IEEE Technical Achievement Award …等

清華大學過去20-30年來非常重視產學合作，在1970-1980間，即成立自強社，培訓產業所需人才超過20萬人次，目前為獨立的財團法人機構，定位上相當於本校研發及教育能量的延伸。1981年，清華成立產學研究發展處，為全國各大學第一個設立研究發展處的大學，積極推動產學合作相關業務，例如本校師生最早與台電合作研發，台電提供給清華學生獎學金，以培育更多台電所需的專業人才，現在台電的董事長即是清大的校友，包括很多廠長都是從清華核工系畢業的學生，目前我國核能發電量佔總能源的20%，清華大學的付出與貢獻是有目共睹的。另外，清華跟科學園區也非常有淵源，科學園區為本校前校長徐賢修先生創立，前幾任的局長或副局長也是清華大學的教授。以上，足以證明清華大學30年來在產學合作的努力耕耘。以下將就本校產學合作的措施逐一說明。

一、策略目標

清大97年目標著重在調整產學合作組職架構、增聘專業人士以提升服務品質、修改產學合作相關法規及訂定獎勵措施，和積極營造友善的產學合作校園環境。在98年正式運作產學合作單一窗口服務，以及成立虛擬的育成網路平台，建立跨校性的區域產學合作平台。99年規劃重點項目有成立創業顧問及天使投資團隊，輔導與激勵師生創業，整合桃竹苗區的產學服務成效，促成國際化發展目標。

二、組織面

本校育成中心的績效非常亮眼，在過去五年連續獲經濟部中小企業處頒贈最佳育成中心獎項，96年得到創業輔導最佳獎，且成功培育五家IPO的廠商，包括正文科技、類比科技公司等，股價最高的時候約創造五百億的市值。為了加強育成中心的功能，也在97年的校務會議上通過將育成中心的位階往上提昇一級，顯示對育成中心的重視。97年統計育成中心培育場所約一千坪左右，有二十五家公司進駐，未來預計將擴增至三千坪的新營運大樓，以培育扶植更多新創企業。為建立產學合作的永續經營模式和完成一條鞭的整合和分工，本校研究發展處成立產學合作單一窗口，包含產學合作組、創新育成中心、智財技轉組，善用教育部績效激勵計畫的補助，更能順利推動產學合作相關業務。

三、法規面

為達成教育部績效激勵計畫各項指標，本校修改產學相關法規及獎勵措施，97年7月制定完成產學合作專業人員作業細則，目前正研擬產學合作組織人員的獎懲辦法。本校的學習目標-- UC愛荷華大學，研發產出是清大的95倍，卡內基美隆大學則為本校的375倍，所以本校未來產學合作的成長空間還非常大，在此特別感謝教育部對本校產學合作計畫的大力持續支持。

四、增聘專業人士

為有效推動產學合作，新聘本校教授兼副研發長並擔任「產學合作辦公室」執行長，負責統籌管理本校產學合作事務。智財技轉業務方面則擬聘經理及技術專員，以協助推動智財技轉的業務。創新育成中心則新聘經理一人，育成專員也將再增加一些人員，以擴大現有的服務規模。

五、提升服務品質

本校97年首度與專利事務所及智財服務公司合作，主動發掘本校各領域可專利技術，並提供專利諮詢及分析，97年合作的公司共計7家，更有效地協助本校研發人員申請超過50件國內外專利。評鑑中心的資料亦顯示本校已申請19項美國專利，與台大、交大的專利數目相當，而兩年前此數字只有5件，所以現在本校的專利申請與產出已明顯大幅提升。此外，本校也參與工研院智慧財產流通運用計畫，期望能結合鄰近地區的資源，加速本校專利技術的產業運用。另外，本校創新育成中心根據校方所記錄各教授申請中與已獲證的專利等資料，主動探詢師生創業的意願，並媒合有技術需求的進駐廠商和相符的師生實驗室技術，互相結合，共創雙贏。

六、營造對產學合作友善的校園環境

在營造校園環境方面，本校於95年設置傑出產學合作獎，至97年辦理三屆，共計8名教授獲得獎勵殊榮。另外，為學生開授高科技創業與營運課程並舉辦夏令營推廣至全國，也邀請科技管理所教授群為進駐育成中心的廠商授課。96年成立創意中心，辦理校園創意比賽及獎勵，並邀請業界評審對獲獎學生創意的專業指導。技轉中心亦積極輔導獲得創意大賽獎勵的學生作品申請專利，假以時日，應能營造本校創新氛圍。本校提供多元化的智慧財產課程和育成中心實習經理人制度，提供具創業傾向的學生實習機會，協助師生創業進入育成中心。

七、產學衍生創業模式

本校已經發展成功的師生創業案例有兆心科技與優勢科技團隊，兆心科技為本校電機系黃錫瑜教授參加科技管理學院史欽泰院長主持的國科會U-spin計畫指導的研發團隊，由學校主動協助進駐育成中心、募集資金、並成立公司。另外也有師生研究團隊成立公司並直接進駐育成中心，例如微智半導體。創意中心亦積極輔導具有創意的團隊，以多元發展的模式與管道申請進駐育成中心，本創新育成模式改變以往育成中心的單一申請制度，能主動發掘具創意的研發團隊，期望能建立新穎的商業發展模式。

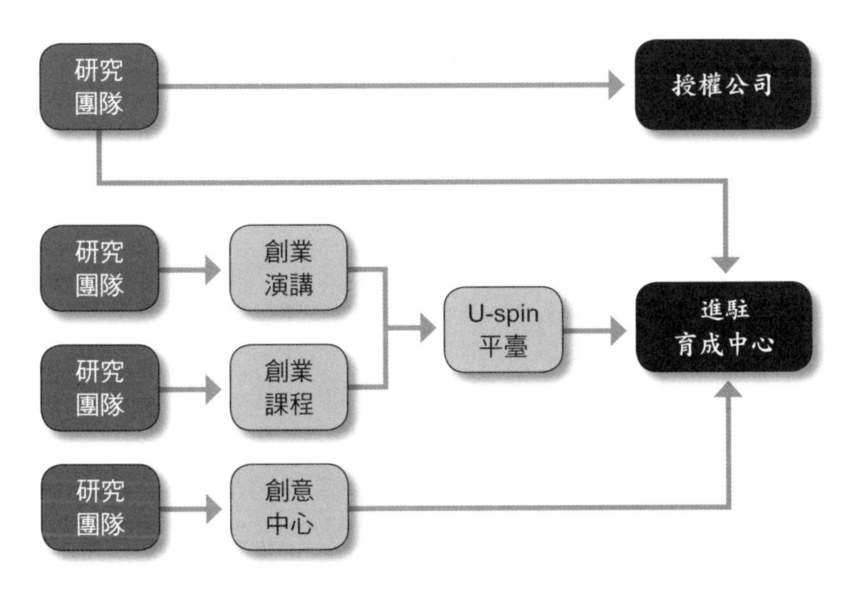

圖1：清華大學產學衍生創業模式

八、其他產學計畫

97年度國科會首度獎勵『台灣前瞻計畫』，全國通過的六件計畫中跟清大有淵源的共計四件。其中一件為金重勳教授提早退休到逢甲大學執行的計畫，其技術來自於清華大學的研發成果。本校組成輔導團隊，積極促成尖端學術研究成果商品化與鼓勵師生創業。

此外，研發成果商品化與創業，本校也在積極輔導。至97年有三家IT公司分別在本校設置聯合實驗室，包含聯發科的嵌入式系統（embeded system），台達電的產學合作研發，以及尚在洽談中的聯詠科技。本校預計於校園南區寶山路太極館附近創立聯合實驗室，邀請世界頂尖研究人員（topics）參與產學合作研究與前瞻技術開發。

至於U-spin計畫是一項國科會支持的計畫，由本校電資院、科管院、生科院、原科院以及工學院共同參與的產學研究商品化與創業之研究計畫，97年度執行成果已擴展學校智財的深度與廣度、成功協助五組團隊技術商品化、營造學生企業家精神、完成15項專利分析、完成校內專利盤點分類，並提出專利組合建議，執行成效不錯。

九、結語

最後，以上是簡單地跟各位介紹目前清大校園所做產學合作的成果，這跟提及的卡內基美隆、UC愛荷華分別是清大的375倍和95倍，未來成長的空間還很大。除了從學校本身的改變做起，也要引進外部的企業，希望政府有更多優惠給予這些與清華大學共同研究的企業。現在跟清大合作的公司，當然有些是非常賺錢的公司，所以有三家願意來跟清大進行合作，也有些正在進行聯繫的廠商，也許公司可能沒有產學合作的觀念。所以建議呂木琳次長，可不可以有一些優惠鼓勵企業參與學校的產學合作，這是未來台灣競爭力很重要的一部分，像在美國就非常成功，台灣應該也要走這個方向。

產學合作績效激勵方案之落實機制（三）

楊瑞珍

成功大學研究總中心主任

學經歷／獲獎

- 美國加州大學柏克萊分校機械工程博士（1982）
- 國立成功大學特聘教授（2003～）
- 行政院國科會96年度傑出研究獎
- 美國洛克威爾國際公司火箭動力部高級工程師（1984~1993）
- 美國航太總署（NASA） Certificate of Space Act Tech Brief Award（1992）
- 美國航太學會（AIAA） Associate Fellow（1997）

大學從事產學合作目的在於提供產業技術、人力與服務，一方面使大學教職員生能學以致用，結合理論與實務，他方面亦可以彌補產業研發能量不足，充分藉由大學研發能量創造產業經濟價值，以厚植民生，服務社會，促進國家發展。

在台灣的幾個產業聚落中，位於台南市附近的園區，包括了台南科學園區、科技工業園區以及在路竹的高雄科學園區，這三個園區所涵蓋的區域即是以成功大學為中心的南台灣高科技產業重鎮。這樣的發展加上成功大學在研究上的優良成就，可以來協助帶動產業的升級，因此成功大學在各園區的發展中扮演了一個重要的角色，除了培育產業界需要的高素質人力，亦協助產業界解決所遇到的問題，而這樣的角色使成功大學在推動產學合作中處於一個有利的地位。為了符合各園區發展的特色及落實成功大學的功能，學校在台南科學園區蓋了一棟研發大樓，以配合南科在光電、半導體、生物科技領域的發展；在高雄科學園區設立了一個創新產學中心配合路科發展的醫療器材、通訊以及能源產業；在成功大學的安南校區，則支援科技工業園區中產學合作的互動。

成功大學是一所研究型的綜合大學，目前有九個學院、39個科系以及超過50個相關的科學研究中心。學生人數有兩萬多人，近1,200位教師、700餘位研究員，學生人數中研究生與大學生比例約為1：1。從政府及民間企業獲得的研究經費超過30億台幣。

推動產學合作之另一重要因素就是因為大學法人化的政策趨勢，政府為求教育資源的獨立自主，規劃未來各大學須法人化，學校法人化以後，各校的大部分經費要由學校自籌；自籌款可以由很多的方式來獲得，產學合作便是學校可以運用的方式之一。放眼未來，提前佈局實為因應政策趨勢之不得不為。

此外，學校推動產學合作，可將學校課程設計與產業需求連結，將學術理論結合產業實務，讓學生未來的發展可更貼近企業需求，縮短學生畢業後就業上手的時間，減少人力資源的浪費，以落實培育人才之既有任務。知識經濟時代，大學不但是整體知識經濟生產鏈的一環，也可以被賦予提升社會經濟之功能，將人才培育與學術研究成果轉化為社會價值，除了促進社會經濟之發展，更提升國家整體之競爭力。

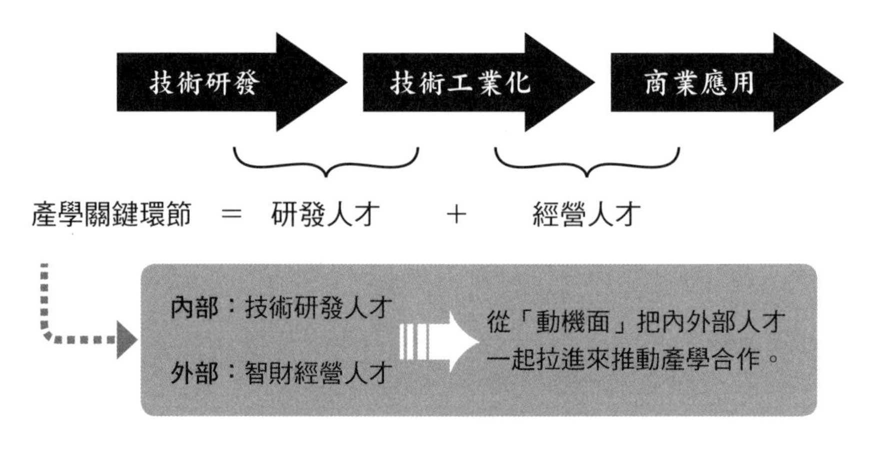

圖1：「產」與「學」合作圖示

選擇進入學術界的人，大部分的學者是因為對教學、研究之興趣，並不是想賺錢，所以學術界的人談到錢，好像就有一點俗氣；進入產業界的人，在心裡想的是營運、獲利，並不願賠錢，所以產業界的人談到花錢又花時間的研發，總是有些躊躇。這就是產業界與學術界之間所謂的一個死亡之谷，這樣的狀況有時反應在現實上，例如專利技轉的問題，有些教授他所做的研究取得了專利，他說我這個專利，隨便授權就好了，金額不重要，可是在智財經營者的評估下，卻

認為具有市場價值，不適合隨便授權；也有老師的想法認為，我做的研究非常有價值，專利轉讓金要很高的價錢，沒有很高的價錢教授不肯轉讓，可是產業界的人說這個價值可能還不到時候。有很多老師的研究成果，透過原型樣品介紹給業界，可是因為它還不能量產，業界接受的意願不高，如果能夠透過研究員發展出量產的技術及品管的流程，則可有效提高產學的媒合。

由此可見學術界與產業界之間的產學合作，需要藉助一個平台來達到連結的目的。這個平台需要的就是技術研發人員及智財經營人員來把研發、產能、市場串聯起來。

如何培育、延攬執行產學合作的人才？如果要吸引老師要來做這些事情的話，一定要有適當的誘因，譬如升等、待遇等。下列幾點或許可做為參考：

一、修法讓產學合作的績效成為教師升等與評量的指標之一，並漸次引導學校修正教師升等與評量標準，以提升教師參與產學合作之意願。

二、提供主管級專業經理人任用法源及薪級標準，使專業經理人亦能有主管級的待遇。

三、提供專業經理人進修的機會，進修時間以公假計，增加專業經理人進入學校推動產學合作之誘因。

產學合作可說尚處於「萌芽期」，需要花費更多的心力與精神才能獲得成功機會，需要有結合理論與實務興趣的人和不斷追求進步與挑戰的奉獻者，也需要突破目前若干人事和會計法規的限制。

成功大學承接教育部大專院校產學合作績效激勵方案計畫，以下就依據規劃、組織、管理、控制、績效及其他等面向來做說明：

一、規劃面：

成功大學現在的產學合作是由各研究中心以及系所承接計畫，研究總中心及研發處提供管理服務及規劃，各單位協力合作，共同創造績優之產學合作成效，所衍生出的智慧財產則由研究總中心及其所屬技轉育成中心統籌管理及運用，為成功大學創造智財衍生收入。我們發展的目標是架構成功大學產學中心、加強產學服務功能、提供專業智財服務及形塑親產學校園文化。

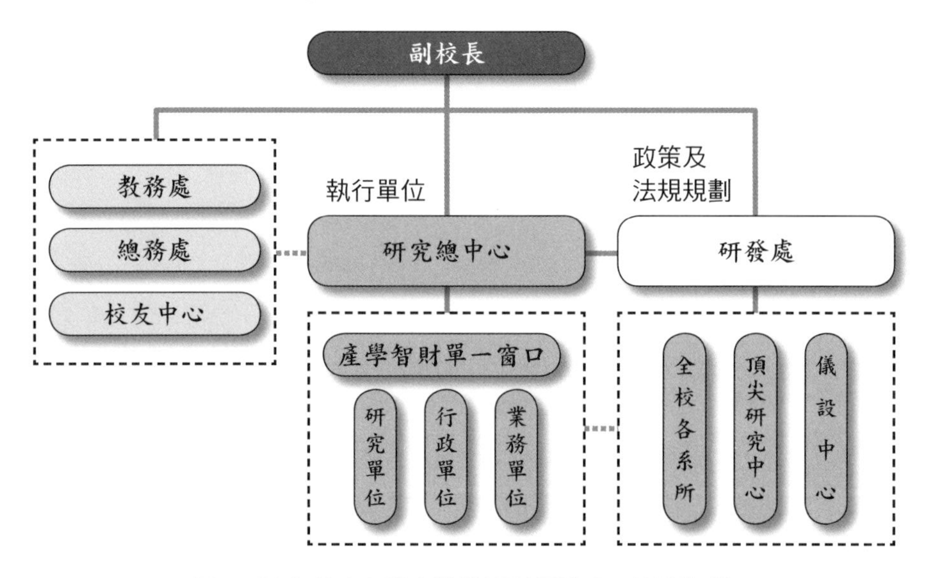

圖2：國立成功大學產學與智財經營分工協調架構

二、組織面：

成功大學產學合作團隊運作模式如圖2，由副校長帶領，納編許多單位共同分工，研發處扮演的角色如同研考會一樣，研擬相關政策、法規來支持實際的運作，研究總中心所擔當的任務就像是作戰部隊一般，實際的執行學界與業界的連結，並推廣研發智財成果，其他各單位，就猶如尖兵一樣，廣伸觸角為學校產學合作案蒐集各種有用的資

訊，並適時的提供協助。

研究總中心作為產學合作的執行單位，它是教育部承認的一個獨特的一級單位，衍生自前教育部長吳京先生的一個點子。吳前部長體認到公務體系中有很多綁手綁腳的地方，若要靈活適應變化多端的現況，就要設法突破這公務體系中拘泥的法規，因此研擬出設立研究總中心。研究總中心的功能就像總管，將業務、行政、研究單位統合在一起。學校的教授可以在研究總中心下成立研究中心，這些研究中心所需要的經費、人力必須透過產學合作計畫，設法自給自足。這有很多好處，譬如：有些教授他們有一些理想，在他們的系所裏面可能沒辦法實現，他們出來設立中心以後，可以招募學校裏面興趣相投的同事，聘任全職的研究員，共同去打拼來實現他們的理想；另外，到了規定退休年齡的教授，這些教授仍然具備充沛的研發能量，即可以到中心來擔任研究教授，繼續發光發熱。執行計畫的教授和全職的研究員戮力於研究工作，其他的業務、行政則由研究總中心來代勞，省去教授處理繁瑣雜事的時間。當然，這些彈性設立的研究中心必須符合研究總中心運作的規定，譬如：每三年做一次績效評鑑、平均每年承接計畫總金額要達到所規定的數目規模，以及回饋部分經費支援研究總中心管理費用等。成功大學目前亦針對廣儲人才，研擬設置研究副教授、研究助理教授等職務，希望能更有彈性的推動產學合作。

學校要做產學合作，在整合的過程中，勢必要跟很多單位去做矩陣式的溝通協調，在各部門相互研討後，獲致最佳化的遊戲規則。目前成功大學在推動學校運作產學合作的過程中，包括研發成果資訊共享、高級人力資源、設備儀器整合、獎勵優秀產學合作案、修正教師及研究員升等辦法、修正教師及研究員借調辦法、運用校友人脈促進產學合作與技轉育成等，這些法規的訂定，都是透過與教務處、研發處、研究總中心、九大學院及相關單位等等，共同腦力激盪進行討論。

成功大學為達成建立成功大學產學中心的目標，計畫調整研究總中心的組織架構如圖3。組織中由總中心主任擔任統合的角色，成立評議委員會，由學校的一級主管和各學院的院長等，提供中心運作上的協助；並禮聘業界經驗豐富的人仕、先進或政府相關單位的官員，組成諮詢委員會，提供中心實務運作上的建議。

在技轉育成業務方面，成功大學延攬在智財領域有實務經驗的業界資深經理人，擔任全職執行長來帶領業務單位執行工作，另外加上行政單位共同推動智財工作。學校在研究總中心編制人員中，提供兩位博士級的研究員，一位專精法務與法規，另外一位則是科技方面的人員，這兩位博士級的研究員，全職從事產學合作推廣服務。我們以成功大學技轉育成為業務執行架構，擴大招募專業經理人才，輔以各承接計畫團隊，相互合作、支援與學習。

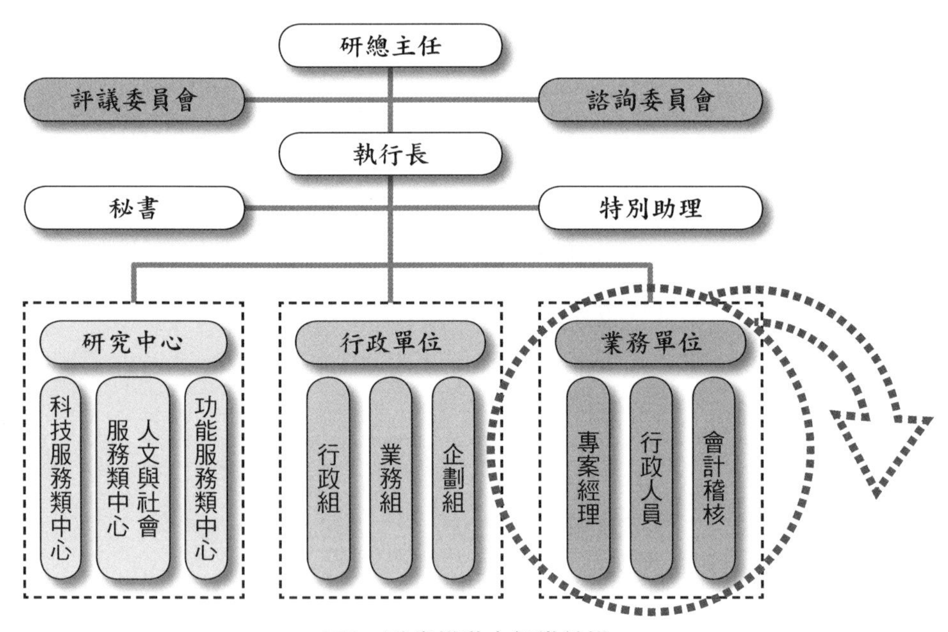

圖3：計畫推動之組織結構

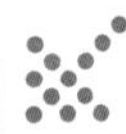

成功大學建立產學經營架構的調整進程規劃，於96年將技轉、育成兩中心合併為單獨一條鞭運作單位。97年，依據計劃成立了產學智財單一窗口、聘用全職執行長、人員任務薪資調整、增聘業務組織人員、連結產學研發體系、架設產學網站以及建立跨校產學平台等，98年起陸續整合各相關中心和擴大窗口服務功能。

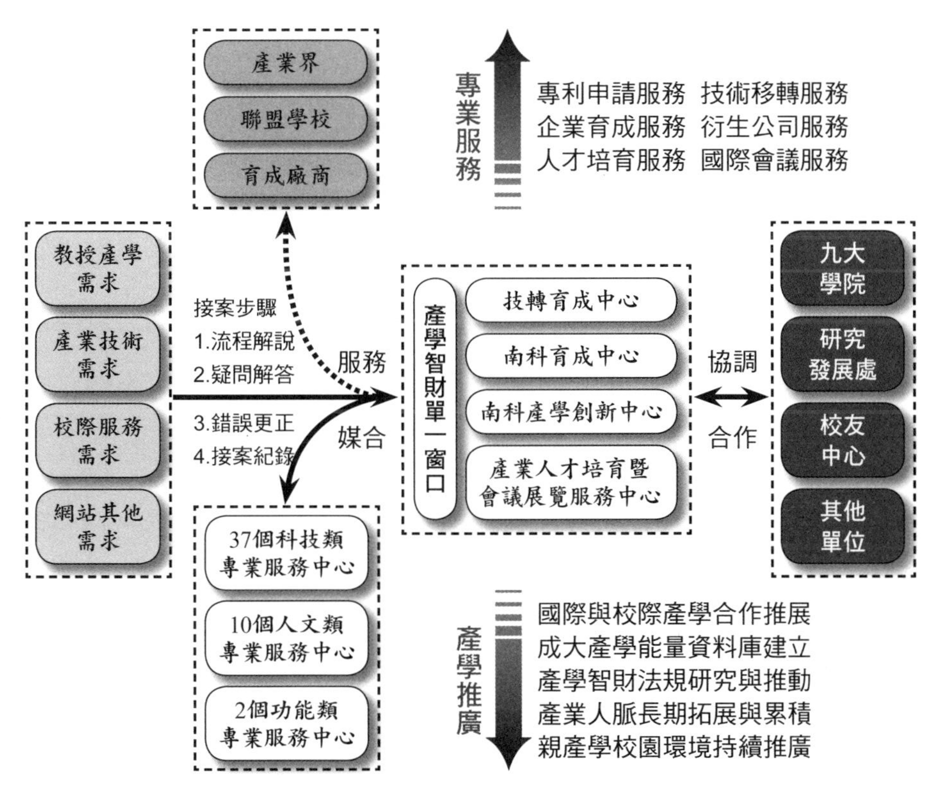

圖4：成大產學合作運作模式

三、管理面：

成功大學目前在研究總中心轄下，有超過50個研究中心，其中技轉育成中心是專責推動產學智財業務的單一窗口。

有關產學合作配套措施的部份，學校體認到產學合作並非僅是單行道，產業界也有許多的需求。因此，在未來透過由研究總中心成立的產學智財單一窗口，對產業界、學界的技術、服務等需求進行接案工作，並協調校內各單位、院所通力合作，以總體的力量媒合各研究中心來服務有需求的單位（產學合作運作模式如圖4）。

四、控制面：

在未來三年學校所規劃的具體目標包括：1.形成完整之南部產學合作中心與產學服務平台；2.每年與企業合作的研究簽約與服務費用收入至少四億台幣，並且逐年成長；3.育成且有技術移轉之新創事業數三年至少15家；4.專任教師（含研究員）借調至企業人數三年至少六人；5.協助區域產學合作三年至少100次（含產學媒合、育成媒合、技轉服務、專業諮詢等）；6.國際產學合作三年至少30案簽約。除了具體目標的訂定，由研究總中心、研發處及頂尖大學辦公室共同訂定獎勵規定，對於績效良好的產學合作案，由頂尖大學辦公室出資予以獎勵，以鼓勵推動優秀產學合作案之工作團隊。

五、績效面：

回顧成功大學歷年產學合作的績效，例舉如下：

（一）連續五年（91~95）獲頒國科會「績優技轉中心」獎項。

（二）研究總中心榮獲中國工程師學會頒發之「93及96年度產學合作績優單位」。

（三）96年高教評鑑雙月刊，成功大學在三項裡面中有兩項拿到第一，榮獲評鑑雙月刊評選為全國最優產學表現之頂標學校。

（四）專利部份，97年七月份的評鑑雙月刊也作了一個統計，國立大學裡面發明專利最多的是成功大學，過去四年有247件。

（五）96年與企業產學合作金額達四億壹仟萬新台幣。

（六）技術移轉台積電、聯電、友達、奇美電等國際大廠，96年的技轉簽約金打破成功大學紀錄達參仟伍佰萬新台幣，97年的技轉簽約金推進至柒仟萬新台幣，98年將力求更進步。

綜觀成功大學的各項研究經費，96年度從政府或民間所得的總經費大約是30億，其中來自企業的經費比例已接近14%。

六、其他：

在已是地球村的時代，除了立足台灣、放眼全球外，成功大學更希望深耕台灣、拓殖全球。學校規劃產學合作，不僅佈局國內、更推動跨國計劃。以目前進行中的「紅海養殖計劃」為例：本校生科學院的楊惠郎教授，由國外返回台灣之後，希望從事對經濟有助益的研究，所以就將心力投注於魚類養殖領域，楊教授發現經濟價值較高的魚，像石斑，其魚苗成長率不好，因為魚苗有疾病的問題。為避免使用抗生素，一般來說魚類防疫需要以針劑投藥，日本在處理相關問題的時候也是用打針的！可是魚苗這麼多，要怎麼打針？楊教授認為應該用口服的方式，才能達到對魚苗投藥的目的，經過了漫長的研究，楊教授成功的研發口服魚病毒疫苗，經過技術的改良，果然魚苗的成長率由原本的20%提升到90%。這樣的突破，對於全球的養殖業，是令人雀躍的！因為這個技術所隱含的商機相當大，所以被沙烏地阿拉伯的一個公司相中了，該公司派了一批人與楊教授接洽，他們提出的想法是在紅海用225平方公里的海域去執行魚類養殖，預期年產值在伍佰億台幣以上，他們也透過ICP program，正在積極進行當中。此外，成功大學與德州高鐵公司簽約，成為其正式學界伙伴，預期可以在該公司發展高速鐵路時，提供協助。

放眼未來，成功大學希望植基產學合作計劃，發展出符合業界需求的技術及培育人才外，透過全職、專業營運人才，將學校能量轉移到業界。除了由產學合作得到部分學校運作的經費，當然學校也將在募款方面，更積極的去開拓財源。

最後，基於提前佈局以因應大學法人化的政策，成功大學也成立「成大創投」，以研究總中心為窗口，過去四年的業績還勉強。未來，為求學校教育經費的自主、多元及永續，成功大學希望可以從研究總中心衍生出新的公司，並招募管理、商業人才為新創公司做有計畫的營運及管理；此外，也期望成功大學能成立一個「研發園區」，建立理論與實務之間鴻溝的連接平台，能有效地把學術研發成果落實在產業界。

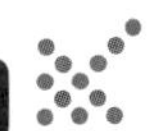

產學合作激勵方案之落實機制（四）

鄭正元

國立台灣科技大學機械工程系教授、專利所籌備處主任兼EU-FP7 NCP辦公室執行長

學經歷／獲獎

- 英國利物浦大學機械工程研究所雷射加工博士
- 國立台灣科技大學研發長
- 東元集團顧問／東元集團綜合研究所所長
- 菱光科技外部獨立董事及顧問
- 經濟部技術處法人科專與業界科專審查委員
- 證期局櫃買中心技術審查委員
- 國際製造工程學會台灣分會監事。
- 2009中國機械工程學會「傑出工程教授獎」
- 2007 FROST & SULLIVAN APAC Industrial Technologies Awards; 17 August, 2007.

臺灣科技大學以「國際化應用研究型大學」為定位，透過「多元卓越」、「科技整合」、「知識創新」、「全人教育」四個發展主軸，期望透過完備技職多元科技教育及產學合作交流等方式，藉以培育具有宏觀視野、專業素養、社會關懷的高科技領導人才。

本校積極推動國際化，吸引英國、荷蘭、日本、香港等數家國際大廠紛紛與本校建立國際產學研究計畫，同時在國際廠商技術移轉方面亦有所成，目前已有美國、日本等數家區域或國際廠商，針對本校之專利進行技術移轉之請求，且有數家專利代理行銷公司爭取本校之專利，尋求代理行銷或專屬行銷。

為強化產學合作推動績效並提升智財管理效率，本校自2007年8月起，將研發處原有的功能組織（如圖1）調整為「產學合作中心」、「技術移轉中心」、「育成中心」、「創造力中心」及「貴重儀器中心」五個中心。

政府為推動我國與歐盟科研架構計畫（Framework Project; FP）雙邊合作研究機制，於2008年9月，經國科會同意於本校正式掛牌，成立「國家聯絡據點」（National Contact Point; NCP）辦公室，除推動國際學術研究合作之外，同時推動國際產學合作交流。

為落實學校與地方產業結合，本校與台北市政府合作成立「內湖科技園區產學中心」，在台北市府科技走廊之規劃下，促進本校與區域廠商合作結盟，深耕產學研發規模。本校研發處之組織架構，請參見圖1。

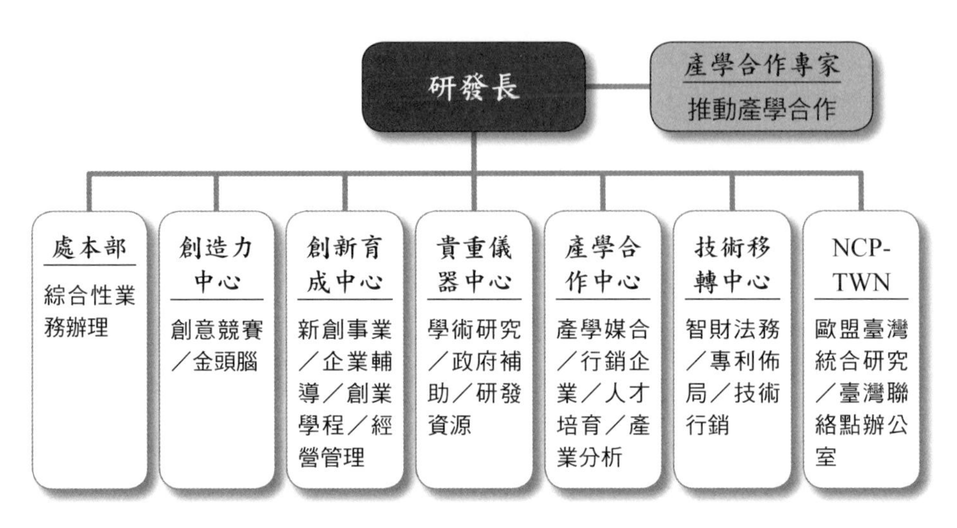

圖1：研發處組織架構

本校研發處透過制訂智財規範與規劃智財策略，連結技術行銷能力，以達結合產業技術需求的目標。並配合校內產學計畫與頂尖中心相關計畫之推動，發展各個專業能量的專利探索、佈局、設計、申請、維護等需求，並強化內部溝通、外部談判、簽約授權等各階段的資源整合與運用，使產學合作計畫的產出，能更具社會應用價值。

一、營運規劃面

本校在全校教師孜孜不倦的教學與研發努力下，累積了質量兼優之研發能力，多年來本校的產學合作績效在技專校院獨占鰲頭，為技職體系最具代表性之典範。為兼顧頂尖大學與產學合作之發展，本校積極鼓勵教師研究精進，追求更高之學術成就，取得之具體績效如下：

1. 2007年度大專校院產學合作績效評量，在「爭取產學經費與效率」、「產學合作成效廣泛成度」及「智權產出效果與應用效益」三個構面上，均獲第一，績效顯著。
2. 2008年技轉金額年成長率達20%以上。
3. 2008年企業出資產學合作年成率達30%以上。
4. 2007年本校獲頒國家發明創作貢獻獎，是為全國唯一獲獎之大專校院。
5. 國科會專利技術移轉歷年件數排名全國第2、技轉金額為全國第3名、個人技轉數居全國第1名。
6. 本校創新育成中心 於2005、2006及2007年獲評為A級育成中心。
7. 技轉中心於2002、2003、2005、2006、2007年獲得國科會「績優技術移轉中心」獎助。

本校致力強化產學合作之運作機制，藉以提升產學合作效能，加速擴散研發能量，以建置親產學環境，其策略目標如下：

1. 基礎研究應用化：藉由專利檢索、專利布局與專利競爭者分析，促使專利高值化。
2. 應用研究產業化：產業資訊校園化，分析產業資訊，協助研究應用。
3. 技術商品化與創業化：技術移轉、創業與營運經驗傳承、校友系友顧問團創業諮詢輔導，並舉辦校內全面系統化之創業學程與競賽。
4. 資產高值化：藉由活化校內不動產與推動公共資產營運管理服務產業系統化、儀器設備服務高值化、師生創業投資與校務基金經營，創造產值，挹注校務基金，以為法人化準備及學校永續經營之要件。

二、組織面

本校目前推動產學合作組織與策略，以嚴選之核心研發能量為基磐，藉由專利佈局與競爭者分析，將研發結果系統化且有效率的透過專利搜尋引擎之導向，佈局專利障礙，創造可商品化之高值專利產品。同時運用產業資訊分析及非結構性之產業資訊搜尋，分析產業需求，並與本校校友之企業顧問團以及產學專家與本校各研究中心進行互動與媒合，發掘研發成果產業化之可能與引導，進而輔以育成中心師生創業激勵及創業學程之訓練，提昇師生創業成功機會，建構起綿密周延之產學合作服務互動平台與體系。詳細流程請參見圖2。

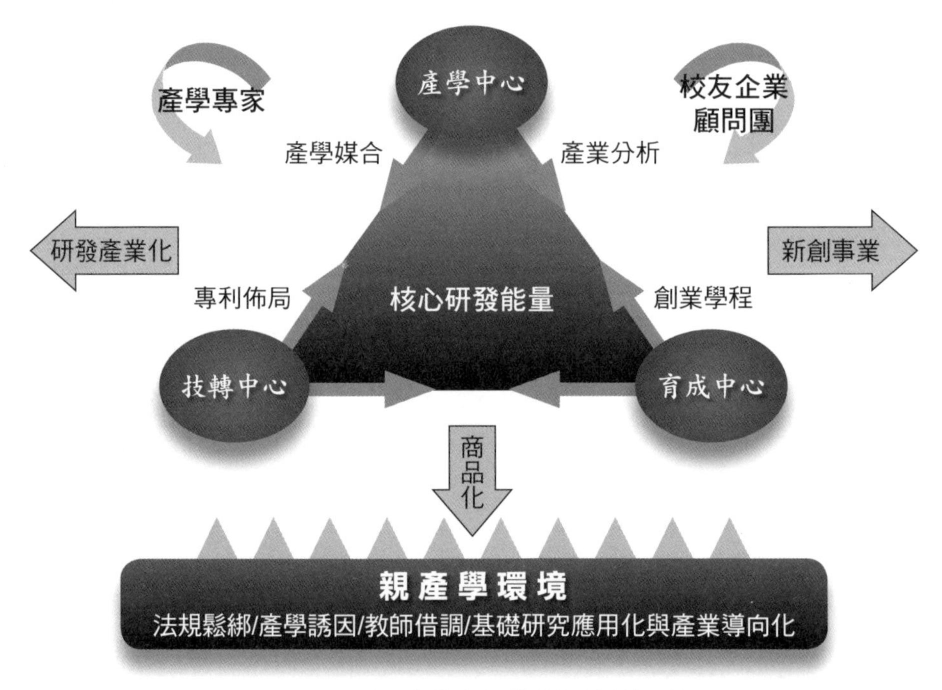

圖2：台灣科大產學合作推動組織與策略圖

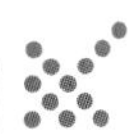

三、管理面

本校積極研究制定產學合作相關法規，提供教師及產學合作推動人員合理之獎勵措施，輔以教師兼職、借調等措施，以營造親產學環境。

（一）、系統化推動產學發明與創業競賽，活化親產學環境

舉辦產學合作實體及虛擬型態之創意競賽，初步競賽項目包括：產學合作成果競賽、產學合作虛擬模式競賽、師生創業專題競賽等。藉由舉辦活動，誘發師生參與產學合作之意願與創意，營造產學合作之理想環境。

（二）、法規鬆綁，提供誘因，營造環境

產學合作相關誘因包括：

1. 研發成果管理辦法，本校於2006、2007年三度修訂「研發成果管理辦法」，修訂重點如下：
   （1）明訂研發成果收益分配比例，專利之技轉創作人可分配60%至80%之收益，非專利之技轉創作人可分配達80%之收益，期以優渥的回饋機制鼓勵師生積極從事產學合作與技術移轉。
   （2）建立公開、透明、快捷的專利申請審查制度與程序。
   （3）創全國大學院校之首例，訂立專利繳回機制，鼓勵敦促師生將過去已獲得或申請中，應歸屬本校的專利讓與本校，以善盡對政府經費補助所產出研發成果的管理與運用責任。
2. 產學合作成果績效納入教師升等指標。
3. 教師從事產學合作計畫，可減免授課鐘點。

4. 教師從事產學合作推動業務，如擔任產學中心、技轉中心、育成中心主管職，可減免授課鐘點。

(三)、修正教師借調規定

鼓勵教師赴產業借調或兼職，協助企業研發提升，教師歸建後接續與企業鏈結，促成產學合作計畫。現行教師借調相關法規對教師借調誘因仍有不足，建議修正方向：

1. 借調：

(1) 儘速通過購買年資法案。

(2) 學校與企業合聘以保留年資。

(3) 回饋金專款專用以吸引借調老師歸建誘因。

2. 兼職：

(1) 放寬收入之相關規定。

(2) 回饋金專款專用。

(四)、基礎研究應用化與產業導向化，發展智財、育成及產學合作之基盤

教師研究能量為提升產學合作績效的原動力，未來將朝向基礎研究應用化與產業導向化，整合基礎研究領域或跨領域中心，如：臺灣建築科技中心，作為應用發展智財、育成及產學合作之基石，使教師的基礎研究更貼近產業需求，創造可應用於產業之價值，詳見圖3。

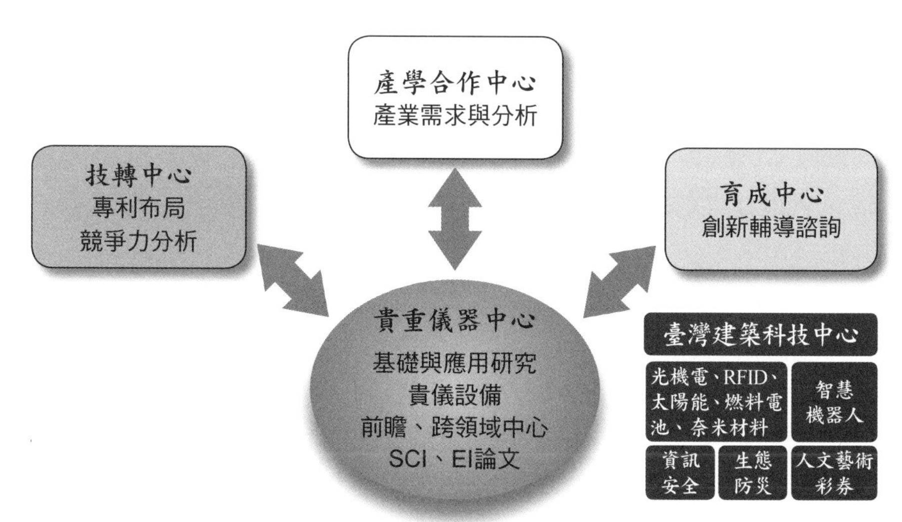

圖3：基礎研究應用化與產業導向化

（五）、研發成果獎勵及推廣制度之建立

積極鼓勵教職員生激發創意，如：本校工商業設計系學生從生活發想，分別開發出能黏在玻璃上的「貼紙手機」，以及可不沾染桌面的「食淨」餐具，抱回2009年德國iF設計大獎，再次揚名國際。

1. 2006年12月、2007年11月及2008年5月修訂研發成果管理辦法，擴大創作人技術移轉金分配比例為60%至80%，大幅提升創作人技術移轉意願。
2. 主動加強與本校各研發中心之聯繫，經由業界需求直接引導技術研發方向，並以技術服務等多方位技術移轉方式實際落實於本校之研究發展。
3. 推廣技術佈局分析服務，以利於技術研發時期即獲技轉先機。
4. 提升智財加值收入，如著作權授權、專利侵害鑑定、專利與技術組合等。
5. 推廣本校師生創意與設計研發能量，以達一定之經濟規模。

6. 強化技術移轉中之技術委託服務項目。
7. 每年舉辦的「創意發明競賽」、「創意校園化裝競賽」、「補助參加國際創意發明競賽」及「創意企劃達人競賽」給予獎金及專利申請補助及定期專利維護費補助、優先企業實習等實質鼓勵獎賞。

四、控制面

本校規劃未來之執行方向為「產學合作」、「智財加值」、「育成創業」及「資產高值化」四方面，預計達成目標如下：

(一)、產學合作

1. 產學合作收入金額企業出資比，年成長率達20%。
2. 產學合作收入總金額三年內達到年成長率10%。
3. 舉辦產學合作競賽，活化親產學環境。

(二)、智財加值

1. 預計各項指標以每年超過20%的速度成長，並於2009年年技轉金額突破2000萬元。
2. 整合各學校的智慧財產與管理能量，以擴大產學合作之參與面與形成經濟規模。
3. 建構專利、技術、產業之結構性與非結構性之工具與資訊平台，以系統化與科學化的方法發揮技術潛在價值。
4. 專利技術之組合包裝與價值鑑定的系統化流程與方法之建立與實踐。

（三）、育成創業

1. 以校務基金投資學校衍生創業及EMBA再育成，健全創業環境，預計三年後成立校園衍生新事業五家。
2. 以育成培育增加產學效益，預計每年達50%之成長率，三年後產學及技轉金額達到3,000萬元。
3. 提供校友顧問團協助診斷、輔導進駐廠商。
4. 創業學程分為產業資訊、專利布局、公司營運策略等，以提升創業知能及推動產學人才再教育，共計18門，54學分。
5. 建立師生創業機制，活絡校園師生創業風氣。

（四）、資產高值化

1. 資產設備服務收入每年成長超過20%。
2. 儀器設備檢測及試驗服務產業化。
3. 土地、資產、設施管理企業化。
4. 公共建設資產與設施活化管理運用。

五、產學合作成功實例研討——主動推廣行銷成功完成國際技術移轉

我國近幾年在研發經費與人力的持續投入下，不僅國內專利件數持續成長，美國與其他地區的專利件數也名列前茅。然而，我國的技術輸出金額卻遠大於技術輸入金額，其中緣由值得深究，我國學研機構礙於法規或囿於心態，未能勇敢向外主動推廣恐也是原因之一。

本校為積極拓展專利技轉之行銷，透過說明會、展覽等等各種管道展示研發成果，紛紛吸引美、日等國外廠商注意並持續洽談技術移轉事宜，目前已與日本廠商完成技術移轉簽約事宜，跨出國際化技術移轉的第一步。

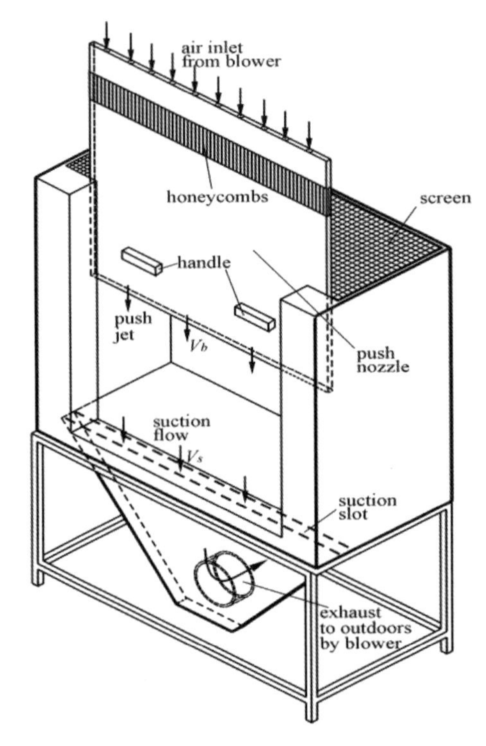

圖4：本案係本校機械系黃榮芳講座教授，執行行政院勞工委員會勞工安全衛生所補助之研究計畫，開發完成之實驗室用化學氣櫃。本技術之台灣專利已經技術移轉給我國廠商使用實施，本技術業已取得日本專利，並已先經資助機關同意。

傳統型氣櫃是由氣櫃上面抽氣，由前面進氣；本技術則在氣櫃的前方操作面，透過雙層中空櫃門的送氣、與透過門沿的抽氣槽抽氣，構成阻隔氣櫃內外的推挽式氣簾結構，完全避免氣櫃內的煙霧、臭味、與有害的物質的外洩。這種新型氣櫃防洩漏的能力，不受櫃門開關動作、操作人員、環境空調等外部干擾氣流的影響。如果氣櫃放置在無塵室、冷氣房中使用，更因為可以避免不斷將室內冷氣抽出，而節省可觀的電費，大幅減少能源消耗。在生產上，由於不需要強力的抽氣設備，製作成本則可降低20%。

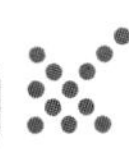

時至21世紀知識經濟時代，高等教育與業界關係愈趨密不可分，「產」「學」合作儼然成為世界各國推行知識經濟的重要一環。台灣科技大學將產學合作列為重要發展指標，組織重整後在各項執行方案之投入下，建立相關誘因，已有具體進展，可催化更多師生及員工積極參與產學合作業務。預期未來可逐漸提高學校自籌款比例，以因應大學法人化政策，進一步經由與產業界合作，培育產業發展所需中高級創新研發人力，以提升我國產業競爭力，達成產學雙贏之目標。

從智權與技轉來看交通大學產學研合作發展之策略規劃

李鎮宜 國立交通大學研究發展處研發長

學經歷／獲獎

- 比利時魯汶大學電機博士
- 2003 – 2005年國科會微電子學門召集人
- 2003 – 2006年交通大學電子工程系系主任
- 2007 / 2008年國科會傑出技術移轉貢獻獎
- 2009年經濟部大學產業經濟貢獻獎『產業貢獻獎』團體獎

黃經堯 國立交通大學智權技轉組暨育成中心主任

學經歷／獲獎

- 美國羅格斯大學電機電腦工程博士
- 美國貝爾實驗室研究員
- 2007年教育部優秀教育人員獎
- 2008年中華民國科技管理學會『科技管理獎』企業團隊獎
- 2008年經濟部大學產業經濟貢獻獎『產業貢獻獎』團體獎

何卉蓁 國立交通大學智權技轉組專案經理

學經歷／獲獎

- 2008年中華民國科技管理學會『科技管理獎』企業團隊獎
- 2008年經濟部大學產業經濟貢獻獎『產業貢獻獎』團體獎

在處於全球化創新技術高度競爭的時代趨勢之下，為因應外部經濟環境的快速變遷及各項挑戰，高等教育之學術研究不再是停於空中閣樓、高談闊論，而是引導創意概念的研發能量所在，是隨時可應用於產業經濟的知識資產。

交通大學基於大學對社會之服務責任，在智權技術推廣並非以經濟利益為首要目的，係以「國內廠商優先，國外廠商次之」之基本原則進行技術授權移轉；並以全方位的智權商業化模式，整合「研發、技轉、育成」三面向，加強與專業服務業者之策略聯盟，發揮以交大為研發核心之智權商業模式，提供國內廠商全球競爭力，並有效達成「智慧財產權收益與效益」之提升。

但當大學排名因學校規模大小、研究經費金額而有決定性影響時，論文數量與品質絕非交大能異軍突起之目標；70年前，美國史丹福大學還無法與美國東部MIT或長春藤等名校相比時，史丹福大學校友Mr.Hewlett及Mr.Packard所成立之Hewlett-Packard（HP），和接續創業成功之公司，無異地造就了今天史丹福大學之世界地位。雖說史丹福大學成功之機會，絕非HP一家所能造就，但試想交大該如何擺脫大學排名指標之束縛，成就交大自己的歷史地位呢。

史丹佛大學在技術移轉收入亦有傲人之成績，每年有4仟萬到6仟萬美金之技轉收入，交大雖然在國內有最高的技轉收入，但年度總金額僅高於250萬美金。史丹佛大學每年之營運經費亦達1,000億台幣（約33億美金），相較之下交大每年之營運經費僅約45億台幣（約1.5億美金）。在如此懸殊之差異下，交大能否有機會與全球之技轉中心一較長短呢？

首先，就目前各學校在智權管理與技術移轉之推動上所面對的問題，提出以下概述來檢視：

學校組織分散　難達整合之效

目前學校就智權推廣設立單位有技術中心、技轉中心、和育成中心等業務管理單位。各中心皆為自行運作而無法達到整合效應之外，育成中心也以輔導創新事業為主，並未能有效孕育學校研發能量。

專業服務不足　智權加值不易

學校薪資難以招募專業人才，智權推廣無法有效進行，且因智權專業性不足，無法就智權價值與廠商進行對等談判。

智權歸屬不明　管理推廣困難

學校智權歸屬雖有明確規定，但因為多數研發團隊就技轉協商所可能造成之對立有所疑慮，以致尋求以建教或顧問方式與廠商合作，逕行將相關技術移轉予廠商。

經濟規模小　限制實質成長

台灣整體經濟規模遠小於美國，當智權推廣係以國內廠商為優先原則，以及中小型企業為主之經濟型態之下，技轉金額難以有效成長。

為有效解決上述問題，交大整合校內資源、提升專業素質、推廣智權觀念，以及進行全方位智權商業化模式，積極輔導交大價值並整合專業服務，進行策略聯盟，期待所有前瞻且具商業價值之研究成果，能經由交大加持後茁壯並且成功。

一直以來交大十分重視與業界之合作研究，不斷致力於有效並有力的將前瞻學術研究能量導入業界，開創跨領域整合之商業契機，多年來在創新性技術研發與前瞻科技人才培育上與業界已建立了密切緊

實的合作關係。尤其是多年來積極投入的重要研究強項，如半導體IC設計及顯示器等產業，是政府所推動之兩兆雙星產業，其產值皆已超過兆元，本校在協助國內產業發展上扮演重要之角色乃眾所周知。

目前本校執行教育部5年500億『邁向頂尖大學計畫』所規劃之頂尖研究中心，包含基礎理論紮實之尖端研究，結合奈米電子、光電及資訊通訊研究中心等成果的應用，以推動產業科技為目標，以期能達成幫助業界之目的。其研究成果產生之效益與國內發展第三兆通訊科技產業等更是息息相關。

另一方面，也在與世界共同關注的能源問題上，提供前瞻性的研究導向；同時，致力於發展國家未來型產業的相關研究，如生醫與生物工程中心：係結合奈米電子優勢領域，應用於醫學的跨領域研究，將有助於我國未來生科領域技術的生根及其專精人才的培育養成。

不可否認的是：交大校園文化最大特色在於交大人在高科技匯集之處，共同校園生活學習，幾年下來，其所形成之革命情感，成為未來共創事業之最佳碁石。另一方面，本校擁有之最大優勢在於『地利之便』：緊臨台灣的矽谷－新竹科學園區、六個國家實驗室，與工研院、國衛院相近，所在地理位置科技產業聚落效應顯著，給予了交大最大助力於產學合作機制推動與科技人才之培育。如下表一：交大關鍵優勢、重點產業之所示。

表1：交大關鍵優勢、重點產業

關鍵優勢	重點產業
●專責產學經營團隊 ●專業智權技轉育成 ●豐富校內研究資源 ●地處便捷交通網路	●電子資訊業 ●生物科技產業 ●通訊及光電元件 ●半導體設計產業 ●網際網路與資訊應用

根據統計新竹科學園區之CEO或Chairman中，交大校友超過50%，且幾乎在所有的Dot Com公司，交大校友皆位居重要職位，然而其印象僅在專業領域之人士，而無法深深烙印在一般大眾心裡。

當然大學之成就有許多方面，但交大希望能在未來定位上有一份貢獻：成為校園創業典範，增進國家競爭力。近年，交大學生從校園創新創意之研發衍生成全國知名事業亦不遑多讓，目前網路上廣被使用的網路服務提供者界「無名小站」、「痞客邦」、「FunP推推王」及「省錢吧」都是交大學生利用所學、發揮創意及技術能力，將想法實現於創業的例子，為台灣青年創業之新活力表徵。

未來將結合『邁向頂尖大學計畫』持續加強本校頂尖研究中心之豐厚研究成果，吸引更多之產學合作計畫，使得教育部所挹注經費補助可發揮更積極性之槓桿作用，並以國內最優的技術移轉績效之經驗，協助業界開發更先進之創新性技術，同時，以此為基礎輔導師生創業，將學術研發能量推入產業界，藉以降低產學文化差異。

以下就本校在推動創新性研究與產學合作連結上，將進行的策略規劃加以說明。

研發成果管理與推廣制度之建立

因應「科技基本法」及「政府科學技術研究發展成果歸屬及運用辦法」之實施，行政院國家科學委員會開始落實國有成果下放管理政策。自民國90年起榮獲國科會技術移轉中心營運補助計劃之培育，成立一個隸屬於校內研究發展處轄下的智權與技轉組，以協助及辦理校內研發成果的專利化以及技術服務與授權推廣、法務諮詢與契約管理等相關智慧財產權之管理、加值及運用服務。其組織內編制有兼任主管的教授群，具有專業電資領域之學術與產業經驗，以及一群具有技

術、管理、法律、會計等專業學術背景及產業實務工作的專職成員。

本校透過專責的智權管理單位的設立，已成功建立一套完整的校內智財權管理機制，通過ISO外部稽核，提供符合交通大學ISO-9000作業標準之服務流程，作為校內各技術研發團隊的後盾，協助提昇本校研發成果的效益。同時透過技術移轉、授權及協助成立新創公司，將學術研發成果移轉至企業界，進而將相關的收益回饋至學校，再將此收益運用於未來的技術研發上，得以讓學術資源達到有效的循環，呈現其最大的潛力。

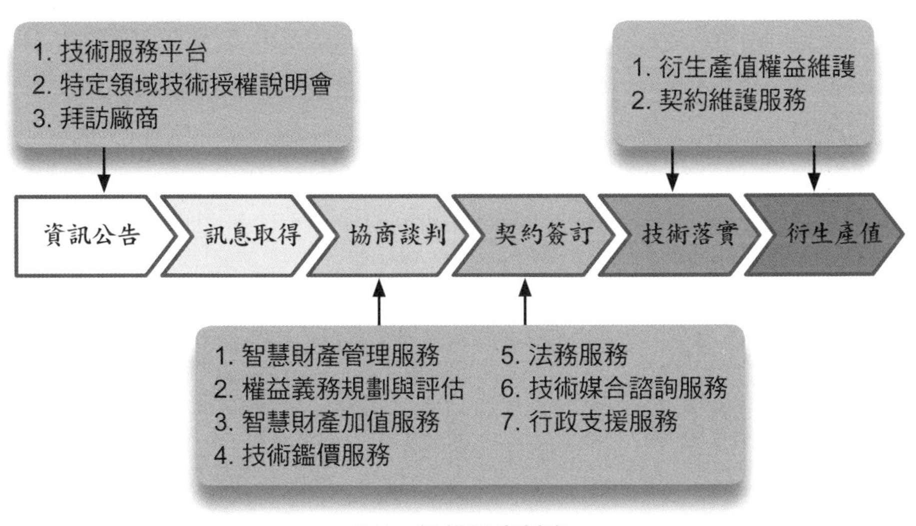

圖1：智權推廣制度

整合各研發、智財、技轉、育成中心為產學合作單一窗口

未來將積極性整合校內各研究能量資源、智慧財產權中心（技轉中心）、技術服務中心、和創新育成中心，由研發長主持下成立一專責產學合作之單一窗口，以推動全方位專業化之產學合作組織整合，完成上、下游之智權管理與推廣，建立有效之全方位產學合作體制，確實達到整體加值之效應。

以高度機動性及協調性主動與校內各研究中心及研究團隊保持緊密聯繫，藉由服務推廣機制，以及推動產學技術交流卓越貢獻獎勵辦法，切實掌握並配合各研究中心的成果產出，從研發、技轉、育成面建立一完整操作流程以作提供整體服務，並建構供給與需求兼備之成果整合資料庫；進而強化技術服務、產學合作與專案媒合之機會，適時適地的銜接學研成果與產業加值效益。同時，育成中心將充分利用其他產學合作單位所掌握之校內研發成果，將其提供與既有之進駐廠商使用或適時輔導為新創事業。

對此，相關業務之推動機制及方案，如下表二：推動機制方案，以循序漸進方式，提出執行步驟，逐步地達成產學合作之完整運作模式。

表2：推動機制方案

研發成果 推動機制	產學運籌總中心 整合機制	校際聯盟 推動方案
●產學合作計畫管理、收支、獎勵等辦法 ●教師產學合作獎勵辦法 ●教師產學合作經費補助辦法 ●研發成果管理辦法 ●產學研發能量資源資料庫 ●共同實驗室與設備租用與檢測分析服務 ●舉辦研發成果與技術授權發表會 ●舉辦產學合作媒合說明會 ●建立產學合作操作模式、流程 ●研發成果收入之彈性運用辦法 ●師生創業優惠進駐機制 ●創業資源整合 ●推廣培育廠商使用研發成果措施	●中心會計稽核制度 ●管理人員培訓計畫 ●中心專案管理機制 ●研發成果保護機制 ●研發成果推廣策略 ●專責人員獎勵機制 ●技術服務流程作業 ●新創事業育成辦法 ●共同研發成果資料庫 ●共同專家顧問群 ●儀器設備開放共同使用作業 ●法務顧問諮詢機制 ●商務服務流程作業	●產學媒合洽談 ●建置產學合作網絡 ●建置跨校研發團隊 ●建置跨校智權推廣聯盟 ●跨校研發成果之資源分享機制 ●協助校際聯盟學校技術成果移轉 ●協助校際聯盟學校發展新創事業 ●校際育成企業策略聯盟 ●校際育成企業資金與技術媒合平台

結合領先創新的頂尖研究中心之研發成果

交大針對特定優勢領域而成立的六個頂尖研究中心，其策略上是以拔尖研究帶動前瞻性的研究，引領發展各學院重點領域。此六個校級研究群將配合八個學院發展計畫，採垂直整合策略，由資深教授帶領研究群，提供研究平台，訂定攸關我國產業發展目標導向之前瞻學術主題，未來本計畫將結合『邁向頂尖大學計畫』六個頂尖研究中心之豐厚研究成果，協助業界開發更先進之創新性技術，進一步提升我國科技研究與工業技術水平。

智慧財產權之管理、加值及運用服務

針對頂尖研究中心所開發之前瞻性研發成果，將結合校內既有之管理與推廣機制，以符合ISO-9000作業標準與通過外部稽核之專利申請與服務流程，得以將該研發成果進行妥適之智權保護。

同時，為進一步提昇智財專利申請文案品質，強化其智財加值效益，擬建置一套專利案評鑑制度流程，針對校內專利申請案之可專利性進行評估，提供先前技術之檢索策略與方法以及各國專利申請策略之諮詢服務，並對於委外事務所撰寫之中、英文專利案文稿，提供撰寫品質評比與修改意見。

而後，藉由目前具有功能健全之研發成果資料庫得以有系統之方式管理該成果；本校為國內第一所建立完整線上智權管理資料庫之學校，不僅匯整所整理之研發成果，建立完整線上智權管理資料庫。同時也進行技術盤點與智權加值之分析、智產自動化管理及報表產出：將以產業市場推廣之大方向為區隔，加上以核心技術為產業應用之分析，並導入公開發表於各學術期刊或研討會之前瞻成果，得以建構完善之技術資料庫。此外更將深入分析各技術之內涵、市場潛力等面向，以充實技術盤點之實用性。並輔以學理基礎之技術分類，建構學理與實用兼顧之技術盤點與分析。

另將建構技術服務資訊平台，扮演技術服務仲介之產學媒合角色，透過公開且多元化之仲介平台，為有技術需求的產業，尋求合適之研發成果；為可市場化之研發成果，尋求資金及產業投資。經由該網路技術服務資訊平台或依據技術領域類別，舉辦技術商談會等活動，將可精準的媒合研發成果與產業需求，增加資訊流通之管道，並縮短技術移轉之交易成本。

簡言之，不僅提供需求者與提供者雙方資訊交流之機會，更提供了技術移轉過程中所需的各項服務，在兼顧發明人、研究機構與產業界等各方權益的情形下，促成合作。其中包含了事前就智慧財產權範圍與歸屬以及權益義務的規劃與評估，協商過程的聯繫及契約簽訂後的技術落實。

專業經營團體　產學全方位服務

在有限的資源和專業分工之必須性下，有效連結交大和外部專業服務，成為首要任務。而專職人員必須要有專業素養和輔導熱情，除協助爭取政府經費與獎項外，更重要的是，能積極輔導公司營運並導入外部資源與專業服務。

以既有之專責部門進行整合或任務編組，整合研發、智財、技轉、及育成資源及產學合作各階段所需技術、智財、法務等跨領域管理人才之統合分工，定位產學合作總協調之功能，由研發長主持下設立一專責產學合作之單一窗口，形成整合單一平台機制，以強化一專業服務團隊。如下圖二：運作模式所示：

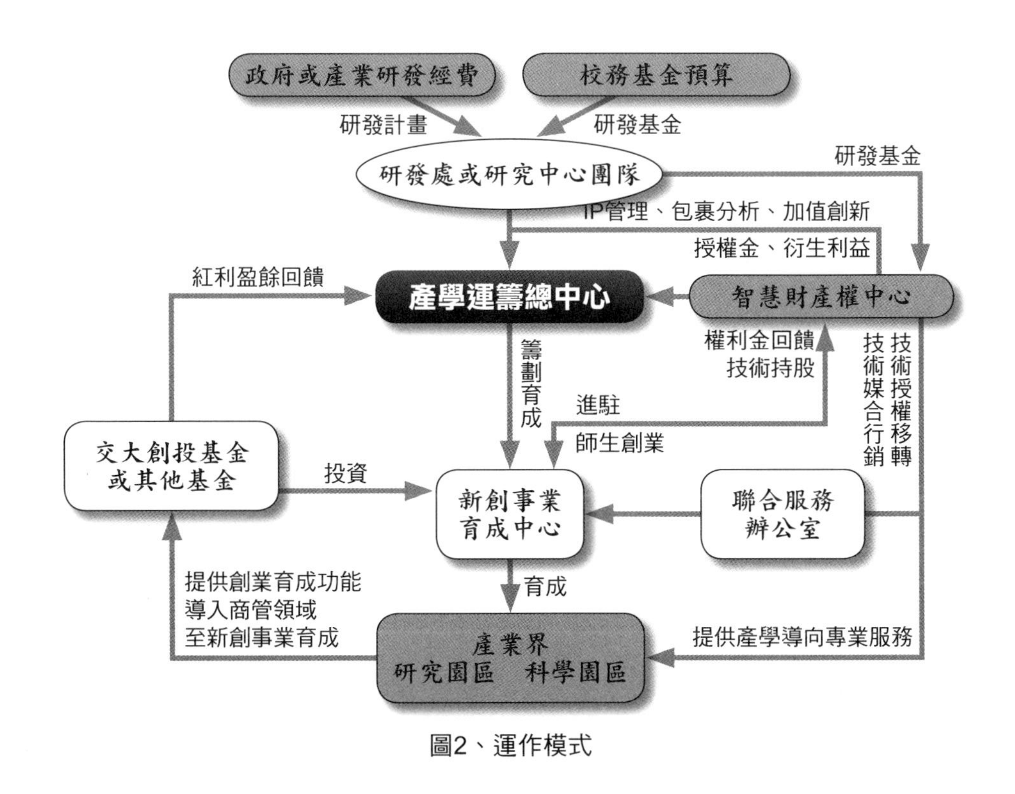

圖2、運作模式

提供產學合作導向之專業服務功能

建於目前既有績效基礎之上，進行組織整合、人力整合與資源整合等規劃與重整，以專業人力、單一窗口及主動積極之導向，著力於『整合目前所執行之產學合作綜效；加值現行之產學合作機制功能』，避免產生重疊效應、資源重複浪費；以支援與服務的具體方式，提供產學導向之整合性專業服務：產學資源資訊整合服務、專業與積極之服務導向、智財法務支援服務、產業市場脈動分析之服務、新創事業育成服務、及國際產學合作交流支援服務等六項服務功能，將現行的功能及既有績效基礎向上升級，做更大效益的發揮，使產業在接受智財授權、或技術移轉時，不管在技術、人才或智權法務相關規定上，皆可獲得必要之支援服務。

產學資源資訊整合服務

協助產學雙方建立產學資源資訊交流分享溝通管道，讓廠商可快速尋求所需要的資源。亦可接受廠商諮詢，介紹合適的資源給廠商，增進產學媒合功效；亦可活絡產學雙方之合作意願。

專業與積極之服務導向

透過產學合作進行人才交流，學界可以為業界培養立即可用之人才，甚至借調教授研究人員至業界繼續落實商品化工作；同時業界人才也可至學界授課或參與研究，使學界更進一部體驗業界的需求。

智權法務支援服務

搜集與整理技術或專利組合，並授權或讓與業界，以降低學校成本，創造更高的技術價值，使研發成果透過產學合作機制以與業界共享，加速產業升級。

產業市場脈動分析服務

經由技術服務及各方資源之匯集，將從中收集匯入產業需求及未來之市場方向，並透過專業技術分類、產業分析、市場預測之專業服務，藉此將可提供尋求技術市場化之指標及技術積極行銷推廣之方向球。

新創事業育成服務

持續改進「研發媒合、技轉、育成」整合資源分享，落實智權歸屬，創新育成，有效降低大學校院研發成果與商品化之落差，進而提升與鼓勵大學校院師生新創事業之誘因，以充足之學術能量激勵產業

之充分投資，減低一些先期之投資風險與障礙，得以擴大學校院對產業之直接影響。

國際產學合作交流支援服務

提供國內產業開創海外事業時所需大學研發能量之支援，進行應用型研究、開發新式產品之國際產學合作交流。並與產業界合作，提供研習計畫協助學術研究團隊至國外產業界實習。進而推向國外產業界，擴展國際產學合作計畫。

產學合作獎勵方案、配套措施

為提升研發成果管理運用績效，制定可強化專利、技轉、育成之激勵機制以及推動師生創業之具體措施，以激勵親產學合作校園學術文化之建立，鼓勵教師投入產學研合作之服務支援，績極推動產學研合作典範或創新前瞻模式。

藉由提供實至名歸之獎勵回饋機制及各項榮譽獎項獎金，表揚其具體貢獻，賦予學校之社會責任及產業責任；並積極規劃師生創業之具體推動措施，引領投入產業之發展，從點方式擴大至具體廣泛面。

1. 本校教師與研究人員貢獻之獎勵：獎勵對象－本校研究團隊，包括教師、研究員、技術人員及實際參與之學生。如：「國立交通大學產學技術交流卓越貢獻獎勵辦法」。
2. 提供專業之專利申請諮詢與個案服務。
3. 提供校園智權法務諮詢與協助。
4. 專利申請費用之補助：係為行政院國家科學委員會於每年主要獎勵補助之五所「績優技術移轉中心」中，唯一不需發明人支付任何專利申請、註冊或維護費用之大學。如：「國立交通大學研發成果與技術移轉管理施行細則」。

5. 專利獲證之獎勵：為全國唯一100%分配並獎勵給發明人之「績優技術移轉中心」之大學。如：「國立交通大學技術移轉中心獎助金與專利及技術移轉獎勵金運用支給要點」。
6. 技術推廣人員個案之獎勵：本校就技術移轉授權金、衍生利益金及其他因該技術移轉案所產生之權益收入提撥一定比例之獎勵予承辦技術移轉個案有功人員。如：「國立交通大學技術移轉中心獎助金與專利及技術移轉獎勵金運用支給要點」。
7. 產學技術交流卓越貢獻獎：為表揚本校當年度研發成果對外技術授權成果貢獻卓越之教師及學生研究團隊。如：「國立交通大學產學技術交流卓越貢獻獎」。
8. 教師績效評估納入產學合作實際成效之配套措施：如：國立交通大學教師評審委員會相關法令等。
9. 教師借調配套措施：如：「國立交通大學教師借調處理準則」。
10. 師生創業配套措施：如：「國立交通大學衍生創新事業管理辦法」。
11. 協助研發團隊之獎勵申請：如：國家發明獎、經濟部產學貢獻獎、國科會傑出技術移轉獎勵等等。

整合校內資源　孕育交大價值

整合交大研發、智權、育成資源為積極孕育交大價值，除自發性之創業外，在研發之初，參與研究團隊之規劃並協助完成智權管理，最後進行技術推廣或新創事業。無論技術推廣或新創事業，完善的智權規劃能有助於將研發應用發揮到最大效應。

校園創業文化　產學合作推手

雖然相較之下，交大已有優良的創業傳統，但創業之途並非易事，為讓學子培養創業精神並了解其創業的心路歷程，交大開設創新創業課程，讓交大學生能在學校就能有機會接觸到創業之意涵和箇中苦楚及可能面對的問題。除課程之外，交大思源創意競賽和校內外各類型創業競賽，也鼓勵校內創業團隊之最佳訓練機會。

推動師生創業之具體推動措施

交大向來勇為開路先鋒，在推動發展過程中，雖碰到了許多未知的挑戰，但總是不斷挑戰建構更建全制度之環境，如擬訂師生創業之具體配套措施辦法：「國立交通大學衍生創新事業管理辦法」，同時，提供各種創業相關課程與資源、及育成輔導措施，激勵校園創新創意付諸實現，進而促進國內創意產業的萌芽與開發。

對此，交大在師生創業之具體推動措施方面上，提供師生一個發揮創新創意想法的發展環境，並更進一步提供創新育成創業輔導與規劃，提出下列推動措施，如下圖三、師生創業之具體推動措施。

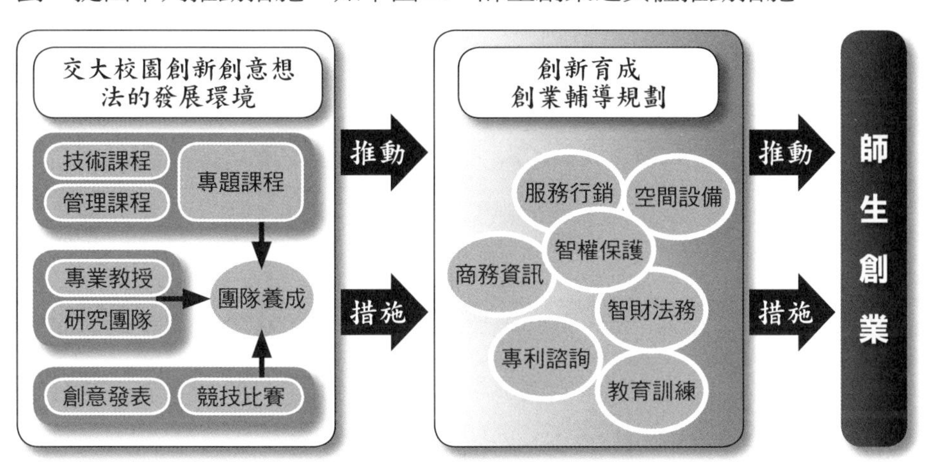

圖3、師生創業之具體推動措施

更進一步，在於協助發明團隊或師生創業方面，本校創新育成中心也會提供『創業輔導與規劃』之育成服務，如下圖四、育成服務，期望創業團隊成功創業後可回饋學校，創造學校與學生雙贏的局面。

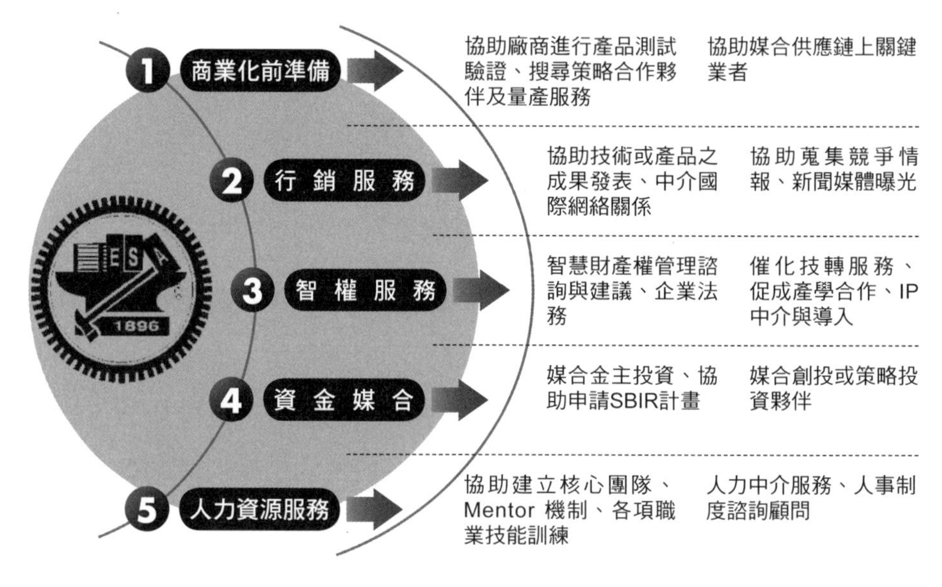

圖4、育成服務

除此之外，最值得重視一提的是：交大對於校園智慧財產權觀念之推廣。為教導學子未來從事科技研發或創業時，避免侵害他人權利之智權觀念，交大致力於校園智權法務領域之『推廣及輔導課程規劃』，並著重於『專業專利工程人才之培育』，灌輸校內各研究團隊對於智慧財產權及專利取得之相關觀念，引導將其研究成果專利化，作最有效益的發揮。

交大首開國內大學之先例，自90年迄今利用寒、暑假期間邀請學者專家，開辦「專利制度、檢索」、「專利說明書撰寫」、「學術論文發表與各主要國家專利申請實務」、「校園智權法務探討」、「侵權」、及「校園個案性」等智權相關訓練課程，以及智權手冊與E-智

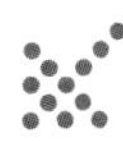

權快訊發刊，極受公眾好評。未來智權中心仍將繼續主導及持續推展此業務。

交大創業村　新創事業搖籃

積極形成專業聚落，完成生命共同體。交大創新育成中心除了提供基本服務之外，將建構優質IT環境以加強進駐公司之競爭力，並建立村落專業資源和進行必要之策略聯盟。重要的是，創業村內將提供Living Labs之移動實驗室，以積極孕育實驗性創業團隊，成就未來的成功創業。如下圖五、交大育成新創事業之推動架構。

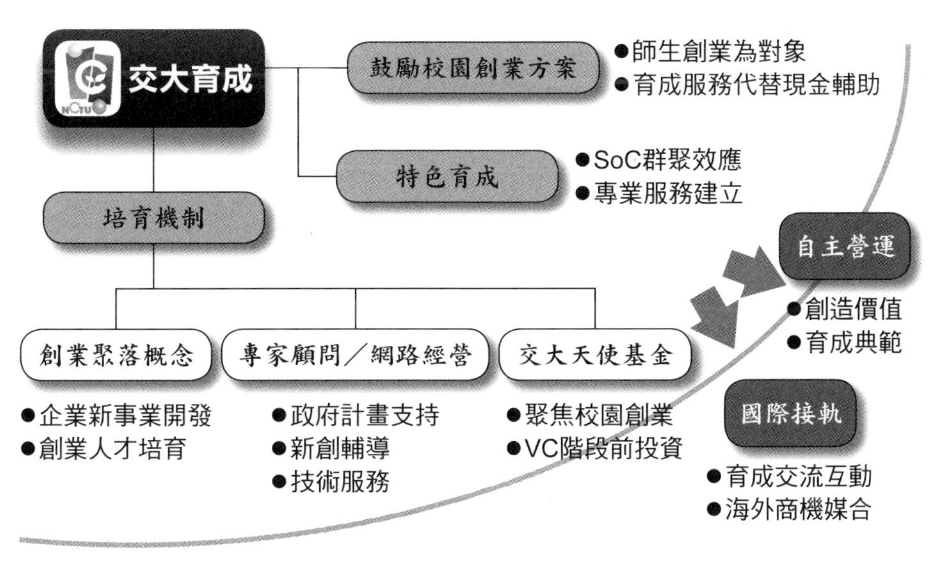

圖5、交大育成新創事業之推動架構

天使基金CEO Club　創業最佳夥伴

資金始終是創業最需之必要條件，天使基金之成立除能滿足創業所需之經費外，其專業輔導亦能引導公司正確方向和帶動成長，甚者其所整合之策略聯盟可有效提升公司價值。成立之初，我們將首先借重交大校友在創投界和企業界之能量，加速完成天使基金，進行創業加持。此外為加強CEO之間的交流互動，建立除業務以外之人際網脈與經驗分享，育成中心將規劃定期且兼具知性與感性的聚會，邀請大新竹地區新創事業主共同參與，期許從活動中產生多面相之連結與綜效。

SoC特色中心　擴大產業效益

整合交大研發能量與新竹科學園區產業特色，交大已將設立於新竹科學園區內之創新育成中心，發展為SoC特色中心。積極邀請國內外矽智財公司、IC設計公司、EDA供應商進駐，逐步形成國內少見之SoC群聚走廊，使得欲從事單晶片開發之創新型中小企業可享受由交大整合SoC產業資源之成果，縮短產品開發時程，達到Time to Market的競爭優勢。因此，從進駐公司的篩選、智權法務管理到產業結盟，創新育成中心將聚焦SoC產業孕育，發揮經濟效益。

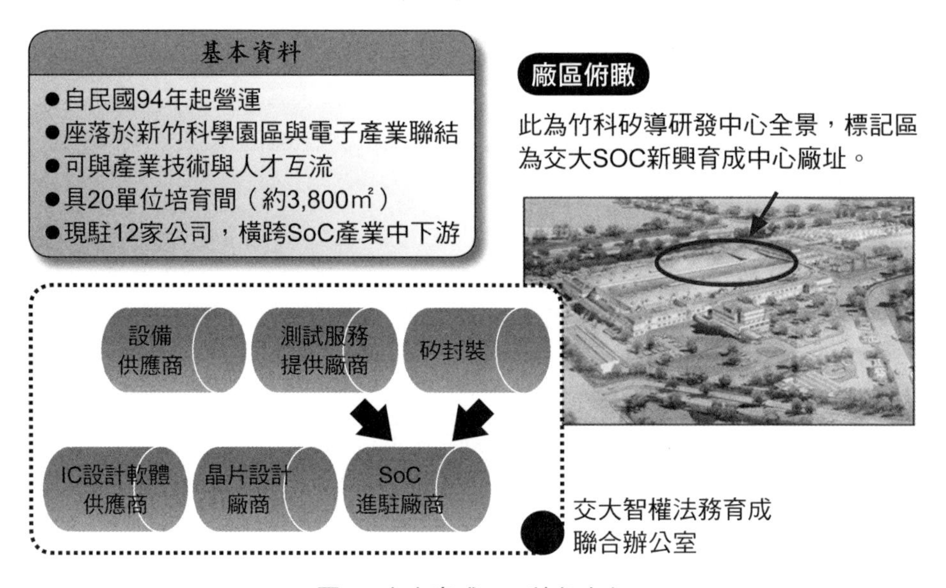

圖6、交大育成SoC特色中心

連結產業聯盟　增進產業發展

交大必須能夠充分利用新竹科學園區所帶來之群聚效益，並結合區域內各大學、和工研院之研發能量，提供進駐廠商各方面之需求。台灣在有限資源下，合作與擴大經濟效益是成功的唯一機會。

未來展望

交通大學自政府下放智財權予學術執行單位後，基於「科學技術基本法」等相關法規與補助機關明確授權之正當性，經過技術授權、協助開發技術或產品上市之獲利廠商，年年增加，有效連結研發、技轉、及育成功能，將研發成果擴散至產業。交通大學於培育進駐育成廠商家數為全國第一；於高等教育產學合作評鑑之「智財權產出成果與應用效益」面向中拔得頭籌；於研發成果技術移轉方面，更為國內高教體系呈現巨觀研發能量的表率。

為加強學界技術移轉及研發成果落實於國內產業，提供產業與學界研究團隊彼此技術交流機會，並透過後續連結機制，結合學術與業界的個別優點，共同化技術產品之市場價值與整合性應用，更具體提昇與加惠國內產業界國際市場的競爭優勢。

為此，交通大學將運用創新機制整合校內法務、智權、育成資源，建立專業互動模式，將服務帶入新竹科學園區，針對新竹科學園區進駐企業及周邊業界廠商，提供產學導向之整合性全方位專業服務，包含產學媒合、技術服務、智財技術授權、法務專業諮詢、企業育成諮詢等業務項目；其專業服務人力來自於交大研發處之產學專業經營團隊菁英。交通大學未來將現行的服務功能及既有績效基礎向上升級，做更大效益的發揮，使產業在接受智財授權、或技術移轉時，不管在技術、人才或智權法務上，皆可獲得必要之支援服務。

交大「智權與技組」作為校內各技術研發團隊的後盾，透過專業輔導機制，協助學術研發成果技術移轉及專利授權，此外，也幫助具潛力之新創事業成立公司，使學術研發成果能夠透過完善的機制，移轉至企業界同時回饋社會，並將相關收益運用於未來的技術研發上，讓學術資源與產業之間達到有效循環，創造產學合作的雙贏局面。

自97年承接教育部「大專校院產學合作績效激勵計畫」以來，積極進行資源整合的規劃與重整，將校內研究能量資源，從研發、技轉與育成面建立一套完整操作流程，提升學校於產學合作過程上、中、下游之功能整合，建立發技轉育成三項功能兼具的服務團隊，更有效加速產學媒合的速度，讓學術研究能實際為產業界應用，創造出最大的商業價值與營收空間。

藉由有效發揮校內研發能量，協助促成研發成果專利化，以及技術服務與授權推廣、法務諮詢與科技管理等相關智財權之管理、加值及運用服務，推動產學合作業務之各項服務。

希冀在天時、地利和人和的充分配合下，交大有機會更上一層樓，在國內或國際上，創造自己的歷史地位。

第二章
產業界執行面

第二章主要在探討產學合作的選擇觀點、產學合作的機會，以及如何落實產學合作研發的能量至產業界，在研發技轉之外，還能夠有新創企業的附加價值。為了達到以上的目標，跨部會的「整合型產學合作推動計畫」在「產學合作執行面」及「產業輔導」方面進行規劃，以做為學界與產業界連結的橋樑。

瞭解學界與業界之間連結的介面之後，本章引藉產學合作媒介龍頭—「工業技術研究院」史欽泰前董事長（現資策會董事長）及曲新生副院長的經驗，瞭解學界與業界間的研發落差，教授的研究心態及業界對研發上的需求等，提示學校必須以業界的角度來看如何產生企業效應，以及企業跟學校該如何在產學合作上取得發展的平衡點。

研發必須有「開放式的創新」，台灣在未來要有新的產業出現，若沒有突破性的創新，台灣的競爭優勢會嚴重不足。本章亦以宏碁產品價值創新中心張瑞川技術總監的經驗，分享教授如何進入到業界，以從商創業。教授在產學合作當中應如何協助產業突破創新，具有國際競爭力，張瑞川技術總監亦提出很好的觀點。

產學合作的機會與挑戰——如何落實學研能量至產業界

賴宏誌
整合型產學合作推動計畫
協同主持人

學經歷／獲獎

- 政治大學企業管理博士
- 實踐大學風險管理與保險系助理教授
- 實踐大學Cardif銀行保險研究中心副主任
- 社團法人中華民國管理科學學會業務三組組長
- 臺灣大學智慧生活科技整合與創新研究中心研究員兼企畫組長
- 經濟部技術處小型企業創新研發計畫（SBIR）服務領域審查委員

整合型產學合作計畫辦公室97年開始進行一個跨部會產學合作計畫，主要參與的部會有教育部、國科會、經濟部的中小企業處。這三個部會也是目前產學合作相關資源及政策比較主要的部會，當然政府單位還有很多的部會也在進行，第一階段可能先從這三個部會來著手，要報告的部份主要也是這三個部會目前在相關產學政策和計畫當中整合的現況，以及未來將如何透過這樣的政策，希望能達到的一些目標。

除了簡單介紹計畫背景，最重要的核心是如何透過一些整合的作法，減少資源的浪費，而且能夠集中相關的資源協助學校推動產學合作。首先在計畫背景部份，教育部的呂次長在「加值大學產學合作創新與連結-強化大學社會責任」篇章裡已經把產學合作的一些計畫，特別是教育部裡，還有其他部會整個大的背景都有了簡要的說明，其實整個政府的思考，是希望透過有效的機制把學校的研發能量釋放到產業界來。過去產學合作的發展中間似乎在連結上仍有一些差距，這差距的存在或許是組織層面、人員團隊及供需落差等等，而這些相關的問題也希望能夠透過一個有效的方式來解決，所以產學合作對於整個國家與科技的競爭力，或者整個經濟的發展，一定會有非常重要的角色，而他的基礎就是學校。我們國家有非常多高階的人才，這些人才所具有的研發能量如果能有效釋放來協助產業解決問題，這樣的一個做法其實有多方的好處，首先在學校的經費來源自主上面有絕對的幫助， 能夠提高學校來自私募、來自企業部門的研發經費。第二個是鼓勵學校，過去在做教學研究的服務過程當中，其實教學跟研究是比較重要的兩個環節，但是在服務的部份可能會有一些落差，但實際上這三件事情應該是要結合的，無論是教學或研究，其實某種程度一定是會去做一個社會服務，或者這兩個應該對產業也好，對國家社會也好，或對其他人做一些相關的服務，所以可以說其實產業界需要的是學校能夠提供解決的方法，產業界就願意花錢來購買這樣的一個智財、技術或管理等等，所以不管是在研發的輸入端或者是整個產品的輸出形成的out-come，其實很多的技術輸出是指專利，但這些專利能夠成為有效的out-come，能夠帶來營收，這部分也是學校可以去發揮的。學校目前也都有育成的機構，經濟部中小企業處長期以來對育成方面有很多的協助，所以學校有育成的能量，但如何從這個研發技轉之外，還能夠有所謂新創企業的附加價值，也是整個政府希望去連結的部份。所以在育成的部份也希望達到一個目標，這樣在這個過程當中，整個產學合作就能夠有個群聚的效果，就會有產業或是地域的特色展現出來，最後當然也希望能夠幫學校去解決在推動產學合作過程當中可能遇到的人事、財務、會計等等的各項問題，所以整個產學計畫的背景大概是這種情況。

落實到整個政府想要去推動的時候，其實也發現剛剛所提到的這些目標，如果回歸到政府相關部會的職掌或是業務等，各部會都有在進行，所以就成立了跨部會的產學合作工作小組，推動單位就是專案計畫辦公室的專責，所以由中華民國管理科學學會承接這個計畫，啟動整合型產學合作推動計畫辦公室來推動相關的內容。我們從這樣一個機制裡可以看到，其實未來是希望提供或是建立一個產學的model，希望學校內部能有資源整合、組織整合、人員整合，而在學校的外部資源取得方面，從公部門來講，希望政府所提供的資源能夠整合。過去的實務現象是學校裡面是一套人馬，三塊招牌，不管叫研發中心、技轉中心或者是育成中心，可能在業務面上都有一些overlap，那對政府單位來講其實也好像各部會分別在進行，所以未來希望建立一個某種程度的單一窗口，除了學校能夠整合三個中心，政府也能夠整合，從這兩個方向來結合，把產學合作的連結能夠做有效的促進。這裡面有提到幾個相關的計畫，是目前三個部會都有在共同處置的，包括對學校的獎助鼓勵，不管是對組織的運作或是人才的；第二個是屬於人才培育的部份，都有開設校際的課程；第三個有所謂資料庫的建置，大學能量平台以及中小企業處其實都有規劃一些針對產學的資料庫，當然中小企業處也有計畫管理需求，有一些資料庫和產學相關，而教育部也有一些產學績效評估或者校務的資料庫等等，這些都是各部會有在進行的，最後也有一些個別的聯展廣宣在推動。

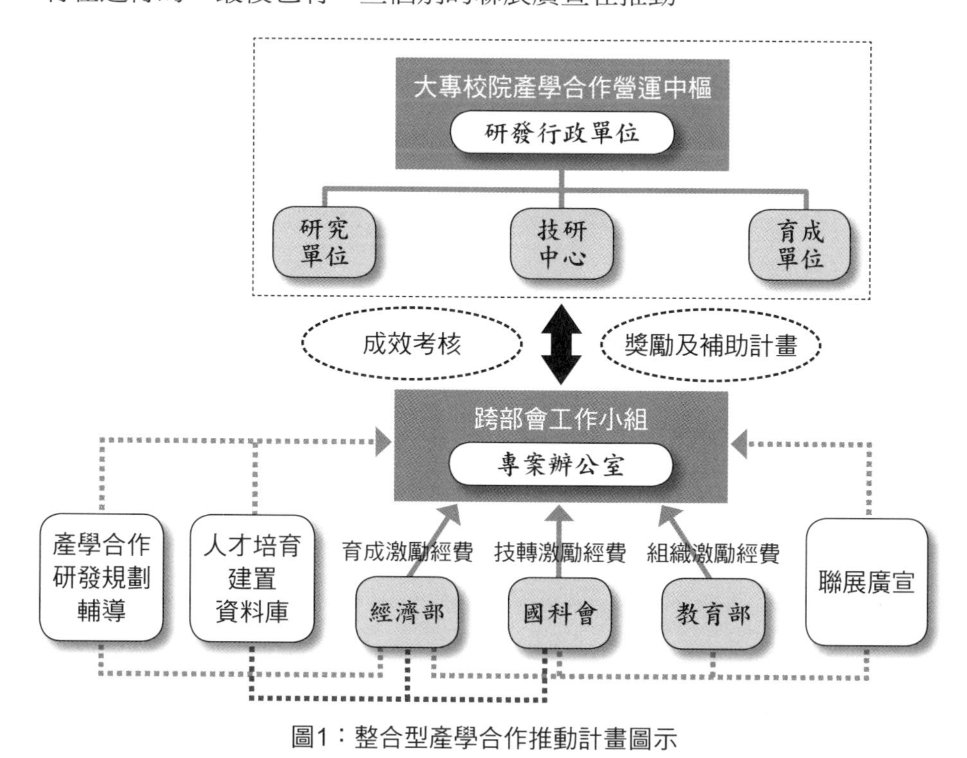

圖1：整合型產學合作推動計畫圖示

整體來講，其實整個跨部會的產學合作或者這樣一個政策，其目的是在建立學校的產學營運模式，管理學一個氾濫的名詞叫做商業模式（business model），希望能夠把學校的產學能量透過一個組織或團隊有效的傳輸到業界來，所以從這個角度來看，我們在做的也就是希望能夠幫學校建立一個產學的組織或機制。但是有組織、有機制之後，就需要人才來執行，所以相對的接合的部份就需要人才培育。人才培育之後就需要技術的媒合過程，所以在專人專責去推動產學之後，必須把所謂的menu攤出來，因此資料庫就變成一個產學面很重要的一個interface。而最後這些推動產學合作相關的執行成效，經驗、know how等，就需要透過聯展廣宣的機制把它整合，再提供給其他的學校及業界、或者社會大眾，做完整的了解，這就是目前整個計畫辦公室正在執行的四個子計畫，同時也可以說是目前各部會在有關產學合作執行面上主要在推動的四個部份。

此外，在中小企業處所針對廠商的部分也有一些產學合作方面的輔導，經濟部過去對產業界也著墨很深，是十分關注的，所以這部分也有比較單獨的計畫在進行。因此，總體而言，整個政策方向會希望無論是研發中心、育成中心或技轉中心，在目前雖然是散佈在各個學校、區域，未來則希望能夠在各地區有一個整合的單位或者有一個地區的標竿，能夠將這些資源有效的整合和運用，所以未來也會有地區的標竿和產業的標竿，當然政策的目標是希望能雨露均沾，就是多方面給予鼓勵。但是因為資源有限，所以在整個產學的整合推動過程當中，初期還是會以幾個具代表性或是比較有特色發展的學校為主，這也是一個比較階段性的做法，希望能夠藉由像這樣母雞帶小雞的方式全面性的去推動產學合作。

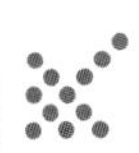

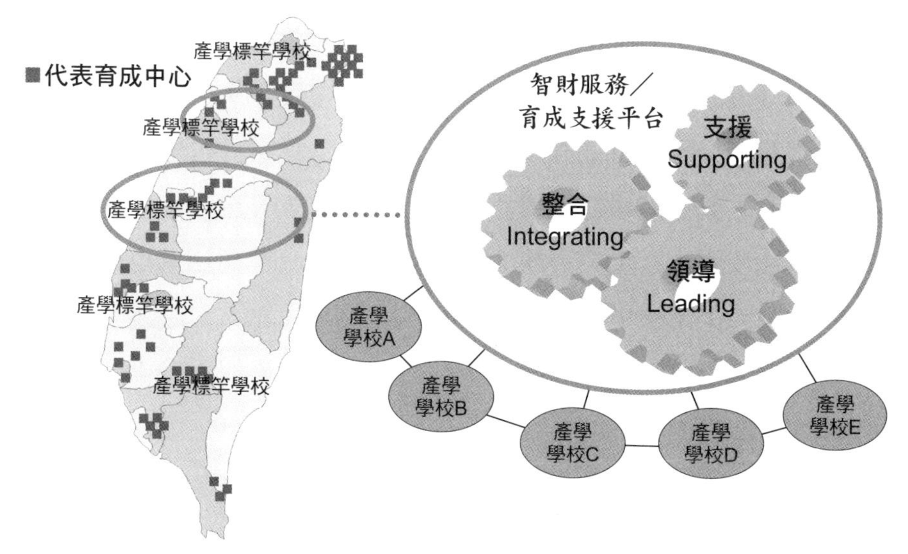

圖2：階段性產學合作推動模式圖示

另外，要說明的部分，剛剛在組織運作方面有提到，其實整個最高的決策單位，包括了跨部會的副首長會議，各部會其實都有相關處室的長官，以及計畫辦公室來執行細部的工作，剛所提到的這四個子計畫，四加一，四個是各部會至少要有兩個以上有同樣相關的計畫，是需要進一步整合的，那在最後第五項子計畫就比較屬於產業輔導的部分，由中小企業處來執行，而在目前我們推動的計畫中則以剛提到的四個子計畫為主（圖3）。這些計畫各校或許也不陌生，在97年六月份的時候，已經把受教育部和經濟部補助的學校，所謂產學相關組織的計畫整合在一起。教育部原本的計畫名稱是「激勵方案」，經濟部中小企業處的計畫叫做「育成中心補助」，這兩個計畫已經在經費、審查指標各方面結合，希望建立推動學校的組織整合，相關的內容也包括了國科會原本技轉的部分，所以這部份在我們的計畫推動中是比較優先的，目前也在call for proposal的階段。而在八月底之前接受學校提出申請，未來則有三年的計畫執行期限，每一年給學校一千六百萬到一千八百萬元，鼓勵學校內部的產學組織整合跟團隊的專職化及專業化。在這個部分是有鼓勵的措施，希望能夠鼓勵學校去重新思考自己的產學策略，無論是從外部環境，到內部資源條件的配合，希望學校能夠建立自己的產學特色模式跟機制。而在產學連結上面，則能夠有比較有效率的做法，未來能夠把大學的產學合作提升到較成熟的階段。進度方面， 97年度有四所學校，加上96年激勵方案的六所學校，未來會有Top ten，把整個台灣的產學合作模式做不同的呈現，也供其他學校做為學習。

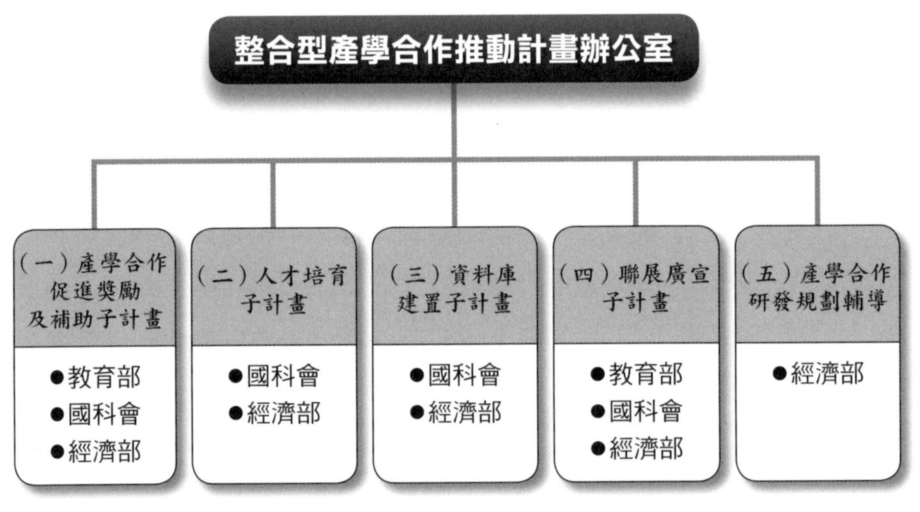

圖3：「整合型產學合作推動計畫」說明圖

當然在補助子計畫裡面也會設門檻，這是因為補助資源有限，所以沒辦法全面性的實行，不過這個門檻也不算高，台灣有163所大學，有一半是符合的，包括接受高教評鑑中心評鑑成績為績優，還有過去產學的一些實績，當然也必須符合育成的一些軟硬體設施要求。剛剛提到的是第一個子計畫，有關獎補助的部分（圖4），但接下來，在97年度或者後續年度當中，我們對人才培育的部分，也非常積極在進行，因為空有組織，沒有人力是不行的。過去產學組織在學校裡面，不管是主事者或是從業人員，相關的位階和專業性都相對有限，所以我們在這部份的法令、政策上解套，希望學校能夠運用這些資源和經費聘請比較高階的專職人員，具有能力的經營團隊，包括執行長，各個學校都可以充分去運用，所以可以把這些團隊建立起來，這些人需要的能力，包括研發、技轉、育成、管理等，我們都希望把目前幾個比較重要的人才培育計畫整合起來，一方面是協調不同的功能，二方面是補充缺漏的課程，未來希望走向認證的機制。在資料庫的部分，這是個大工程，因為資料庫的整合和連結，總是有一些問題，不過這個部分我們未來會朝向怎麼去設計一個符合產業需求的資料庫，能夠讓產業界很快的清楚知道學校有那些能量是可以提升他們的研發，而且能在商業化上面提高價值。這個資料庫的部份，目前第一階段是由國科會跟中小企業處，也就是形同由產業跟學校的角度一起來做這個資料庫的設計規劃和後續的相關整合。

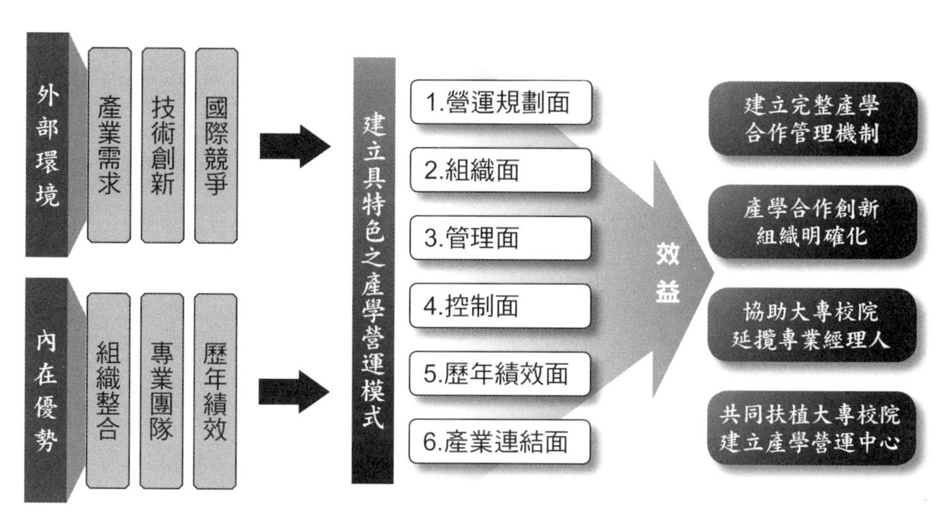

圖4：「產學合作促進獎勵及補助子計畫」推動架構

最後在聯展廣宣的部份，97年我們藉由過去中小企業每年都有舉辦育成中心的育成成果展平台，希望能夠把學校相關產學合作的成果作一種呈現，在整合當中設立一個大專院校產學合作館。我們遴選了19所學校，希望能夠在這樣的場合當中，在97年先初步的去呈現學校的產學能量，98年開始，我們會獨立辦理一個活動，希望能夠擴大到更多學校，去呈現學校的產學機制跟特色，這幾個部分都是今年度非常積極在推動的。

整體來講，希望未來能夠達到以上的幾個效益，包括人才的流通、產學的計畫合作等能夠有效的連結，來達到之前所提到的政策的三大目標，智財、研發及育成的加入，都能夠有倍增的效果，以上都需要產、官、學、研共同來努力。

活化學研能量（一）

史欽泰

資訊工業策進會董事長

學經歷／獲獎

- 美國普林斯頓大學電機博士
- 國立清華大學科技管理學院院長（2004–迄今）
- 工業技術研究院董事長（2008）
- 工業技術研究院特別顧問（2003–迄今）
- 史丹佛傑出訪問學者（2004.1–2004.6）
- 工業技術研究院院長（1994–2003）
- 美國Burroughs公司資深工程師（1974–1976）
- 經濟部頒授一等經濟獎章
- 中國工程師學會工程獎章
- 中華民國科技管理學會Fellow
- 國際電子電機工程學會（IEEE）Fellow
- 美洲中國工程師學會成就獎…等

工研院最常被挑戰的兩大問題：一個是做的不夠前瞻、不夠尖端，很多的學者都認為工研院做的東西太接近產業，不夠前端。第二個問題從企業界來看認為工研院做的太理論了，不合用，這個問題拿到學校來看的話更嚴重。工業技術研究院，基本上任務是非常清楚的。工研院中任何一位研究人員，並不是跟學校教授一樣靠研究文章來升等。所以工研院到後來可以看到會跟產業的關係是非常密切的，這是工研院的任務。現在如果要去評估工研院做的研究是不是世界頂尖就有點挑戰了。到底頂尖跟經濟效益是不是可以同時來評價呢？這個問題就變成學校的問題。

現在的學校，尤其是幾所研究型大學，所有的教授對於如何評價一所大學，認為最重要的就是把研究做成世界頂尖，並不一定完全把產業界產生的效益當作學校主要的目標。現在社會環境在改變，大家會覺得學校跟社會完全脫節，只著重培育人才，這麼多學者的力量沒有對社會經濟效益產生貢獻的話，好像講不過去。所以這個產學計畫，對於學校應該扮演的角色產生了一些挑戰。

個人曾經擔任行政院的科技顧問，在談論國家整個競爭力的時候，經常都會提到學校的角色。我們最多的討論就是台灣的博士這麼多，大概有三分之二都在學校，這些博士是不是通通要升等，只要有好的研究發表就好了？從學校的角度、教育部的角度和產業界的關係來看，這樣是不對的，我們應該去活化學校這一部份的力量。在我到清華大學之後，就針對這個部份，思考怎樣能對學校的環境提供一點意見，也許有一部份能夠跟產業界有更多一點的合作，釋放一點點力量。我們沒有辦法把學校原來的角色全部改變掉，因為學校基本上探討學術自由的角色是絕對不能失去的，這也是最重要的。但是在這幾個角色裡面，學校分配的權重不對。在研究、教學和服務這個部份，學校在升等考績辦法都已經調整了，但是這個跟實際運作有很大的差距，現在就把我在清華大學這幾年的經驗跟人家分享，如何跟學校的角色來做調和，它也許不見得是所有學校都應該要這樣的做法，但是一部份也許可以調整。我向國科會提出產學合作平台的作法，就是想要打破以往教授只以發表論文，做一個領先的學術研究是必要的想法，如果比起美國「矽谷」的史丹佛大學、柏克萊和波士頓區的麻省理工學院對產業界的影響的話，我們的差距就很大了。不過並不是美國的每一所學校都像麻省理工學院、史丹佛大學。

陳校長（清華大學陳文村校長）有一次拿清華大學和CMU（Carnegie Mellon University）相比，他說我們研究成果的差距沒有這麼大，也許是幾倍，可是如果從產學的能量來比較的話是相差百倍。不過我跟校長說你可能忘了企業進來的研究經費應該也要算，不是只有算license的部份，不管怎麼算這個差距實在是非常非常的大，我們也不一定要做到像史丹佛大學或麻省理工學院，拿一個中等的學校來看已經是差距非常大了。因此，除了傳統的作法外，如何對社會經濟的部份也要產生關連，這層關係在研究、教學和服務裡面，到底應該如何來改變它？甚至於教學，我都覺得過去重視的還不夠。

麻省理工學院是一個最典型的學校，我們都知道他有很多作法，這些作法是從1980年開始的。1980年，美國政府開始警覺到大學的力量和產業界的關係，就訂了一項拜杜法案（Bayh-Dole Act）。台灣什麼時候有類似的一個法案？答案是在1999年，兩者相差了快二十年。1999年，台灣通過科技基本法，政府所資助的學校或研究機構的成果可以由研究單位或學校來執行、來作主，不必是國有的，而是下放到各研究單位。至於得到的成果該如何應用？在台灣，學校保留百分之八十，百分之二十要回饋給政府，工研院、經濟部則保留

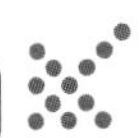

百分之五十。所以台灣有兩個制度：一個就是學校百分之二十回到國庫，工研院百分之五十回到國庫，在美國是沒有這個規定的，就是完全由自己保留。前幾年的國家科學發展基金中，有百分之八十都是經濟部的貢獻，也就說學校在法案之後，到現在差不多快八年了，效益還沒完全發揮出來，貢獻到科發基金的部份還是比較少。美國的MIT開始組織所謂的TLO（technology license office），也就是我們現在講的技轉中心，大概在80年以後，其他學校紛紛設立。MIT推行的最徹底，它做的很多，包括技轉中心（license office），企業論壇（Enterprise forum）、企業中心（Enterprise Center）、學生的訓練（Startup Clinic）、對商業計畫（business plan）做一些指點等。不過開始實施時，在國外也產生一些問題，1980年剛剛通過法案的時候，在1985年不斷的增加，學校內很多教授都會感覺到這樣是對的嗎？我們現在花這麼多力氣跟產業界如此接近是對的嗎？對我們教學研究有沒有影響？甚至於還有更嚴重的一個問題是，跟學校合作的對象沒有限制。所以1985年我到MIT TLO參訪的時候，他們的主管跟校長都在華盛頓聽證會、公聽會，因為很多的國會議員挑戰，就是學校可自由license之後，license的對象政府管不到。可是政府發現很多日本公司進駐到MIT，提供MIT經費，在學校成立日本公司與MIT的Joint Center，研發的技術通通可以移轉，所以日本人可以用很便宜的價錢大量的把學校的技術拿走，引起國會議員的挑戰。那時我就了解當學校轉變到這個方向的時候，它其實是帶來很多挑戰的。這個挑戰過了二十年，到2000年左右的時候有全盤檢討。也就是拜杜法案帶給美國大學的貢獻是活化了對產業、研究的發展，以及學生的教育，這些都有正面的影響，雖然有這麼多的爭議要去解釋，但是整體來講是正面的。

所以經過長期的驗證，可以看得到MIT非常引以為傲的地方就是這樣做的，他們創造了多少位CEO、多少的投資及多少的社會效益。對於美國而言，如果不做的話，它本來就是束之高閣，是沒有效果的，就只是有很多論文而已，不會產生這些經濟效益。當然MIT是做的比較好的，它的成果最重要的就是專利，還有就是創設公司。另外MIT的income有很多種，除了產業界提供的研究計畫經費，也就是學校與產業的合作關係外，還可以有很多別的關係，這部份在此就不探討，這純粹是從學校所做的研究，產生企業的經濟效益來看，比如說，過去技術授權，然後繳回專利的royalty。為了要做這個，MIT的支出其實蠻多的，所以要去開拓資金的來源（finding payment），如果你的payment沒有得到好的應用的時候，這事實上是一個虧本的生意。這個部份對於多數美國學校來講是虧本的，即使是Berkeley大學的TLO，如果是以資訊為主的話是虧本的，以生物科技為主的話是賺錢的。因為生物的影響效能很大，但是資訊技術的變化太快了，專利能真正保護企業的部份則非常的少，所以如果花很多力氣去維護，到最後其實是會賠錢的。所以美國的經驗告訴我們重要的事情並不見得會是一個賺錢的事情，可是卻必須要做，為什麼呢？因為目的在活化產學的能量，不是純粹為了增加學校的收入。從整體來說，目的是增加學校跟企業的關係及研究的方向，而研究方向能夠更切中研究主題，對於學生就業是有相當的幫助，對整體社會的經濟是有正面的影響，所以有的學校是賺錢的，有的學校是虧本的。如果我們是為了將來學校的校務基金可以不斷的充裕，這是要打一個問號，產學合作如果做不好的話，其實是一個虧本生意。因此國科會及教育部在推動的時候，需要非常小心，不要把增加學校收入當作是一個主要的目標，因為這樣就有可能會是失望的，而且你會失望為什麼要做產學合作，不純粹充裕學校的校務基金。史丹佛大學也是有相當多的成果，但是把美國的大學攤開

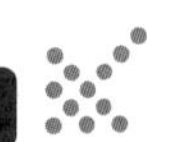

表1：2007年MIT TLO 成果

MIT TLO Statistics for Fiscal Year 2007	
Total Number of Invention Disclosures	487
Number of U.S. Patents Filed	314
Number of U.S. Patents Issued	149
Number of Licenses Granted （not including trademarks and end-use software）	85
Number of Trademark Licenses Granted	27
Number of Software End-Use Licenses Granted	17
Number of Options Granted （not including options as part of research agreements）	32
Number of Companies Started Venture capitalized and/or with minimum of $50K of other funding）	24
Cash Income	$68.2M
Royalties	$61.0M
Patent Reimbursement	$6.1M
Equity Cash-In	$0.7M
Expenditure on Patents	$12.8M

資料來源：MIT TLO http：//web.mit.edu/tlo/www/about/office_statistics.html

表2： Stanford TLO 成果

Stanford TLO Statistics for Fiscal Year 2007	
royalty producing inventions	494
inventions generated $100,000 or more	35
inventions generated $1M or more	3
new licenses	77
active inventions	2787
royalty revenue	$50.4M
legal fees	$6.8M
accounting transactions	8000
inventor checks	630
department distributions	90

資料來源：Stanford TLO Annual Report 2006-07 http：//otl.stanford.edu/about/resources/otlar07.pdf

來看的話，也只有少數的學校可以做到這麼好，如果產學合作要做的好，一定要有一流的研究，不是一流的研究是很難做到這樣的。

我們回過頭來看國內的狀況，工研院的技術跟產業界有些差距，而學校則有更大的差距。這些智財的運用是很複雜的。但學校的智財是沒有策略的，因為是隨機的研究，所以教授研究出來的智財，除非真的是非常基本原則（fundamental）的突破，以隨機的智財而言，很多專利是沒有價值的或者產生的效益是很小的，所以智慧財產權的運用越來越複雜。另外現在很多科技的應用，牽涉的智財不是單一的智財，很多是跨領域的，學校現在組織的結構跟主要的任務，並沒有辦法真正去發覺到這個部份。這期間當然還有很多錯誤的印象，這個印象包括教授應該怎麼做，還有企業應該怎麼做比較好。企業對學校也有錯誤的觀點，常覺得學校做的東西不切實際，常常抱怨學校所訓練出來的學生不符合所需，這是要靠兩方面的，也就是說培育人才不只是學校的責任，產業界必需也要扮演同樣是教育的角色才可以。

95年度國立大學產學合作績效部份，大學經費都爭取的不錯，在產學合作方面看起來也不錯，但是在應用部份並沒有絕對的排名。以清華大學管理學院來看，尤其是科技管理，符合一個以理工大學為主，產生產學的效應。很多人問科技管理和一般的管理學院有什麼不同？可以這麼說，科技管理學院就是在教大家怎麼管理一個企業的競爭力。一般管理是企業已經存在的生存競爭，而科技管理就是要無中生有，就是從科技為出發點，讓它產生可以從科技去做競爭。我們現在談的最重要的關鍵，就是科技的研究如何產生效應，這個就是科技管理。當它產生商品化之後，它也需要一般的管理。最重要的是了解它是怎麼產生的，把它當作一個計畫，就叫作University Spin或是U-Spin，這個構想國科會和教育部都認同，所以也提供我們一個三年期

的計畫。

U-Spin計畫現在執行到第三年（98年），在此將這個計畫的概念為大家說明一下。這個計畫是由工程處與人文處一起合作的跨領域計畫，而人文處基本上就是管理學院的領域。這個計畫是產學研究商品化與創業研究的一個平台。一個挑戰是我們有很多評審委員常常從研究來產出報告。但是產學的話，研究發表基本上只是一部份，重要的是產生衝擊（impact），而不是傳統論文發表的部份。也就是說這個計畫不會去研究科學的部份，而是要從產業的角度來看看如何產生企業的效應，如果是技術不夠純熟要繼續研發，這個就不在此研究計畫內，所以基本上對現有的科技或知識要進行評估。第一個做評估，第二個看看需要轉向或加強的部份是什麼，如果是值得做的，把這個部份的gap補起來，這就是學校跟工研院過去最大的差距。工業技術研究院除了做技術開發的研究之外，它有一套比較強的機能去做市場調查、技術分析、專利、能夠做產業的組合、談判、創業的育成，這一塊就是學校所缺乏的部份，或者是說名目上有但是做得不夠好。U-Spin計畫基本上就是要彌補這一部份，所以並不在做技術的開發。因此有一些教授或研究團隊加入時，我常常會提醒他們，如果是在技術上精進的問題，就要回去加強自己的研究計畫，而不是U-Spin計畫裡面要做的事。

那為什麼有這樣的一個做法？事實上像清華大學、交通大學、台灣大學這些學校，並不缺技術研發的經費，而是要如何產生產學的效應。所以基本上是要去鼓勵已經做的不錯的研究團隊，幫助他們如何產生產業界的一些貢獻。這樣的話，將來不論企業界或者是經濟部在評估效益時，它不再只是用國科會或教育部的角度來評估所做的研究成果是否有發表，從另外一個角度來說學校教師也能有成果有貢獻。

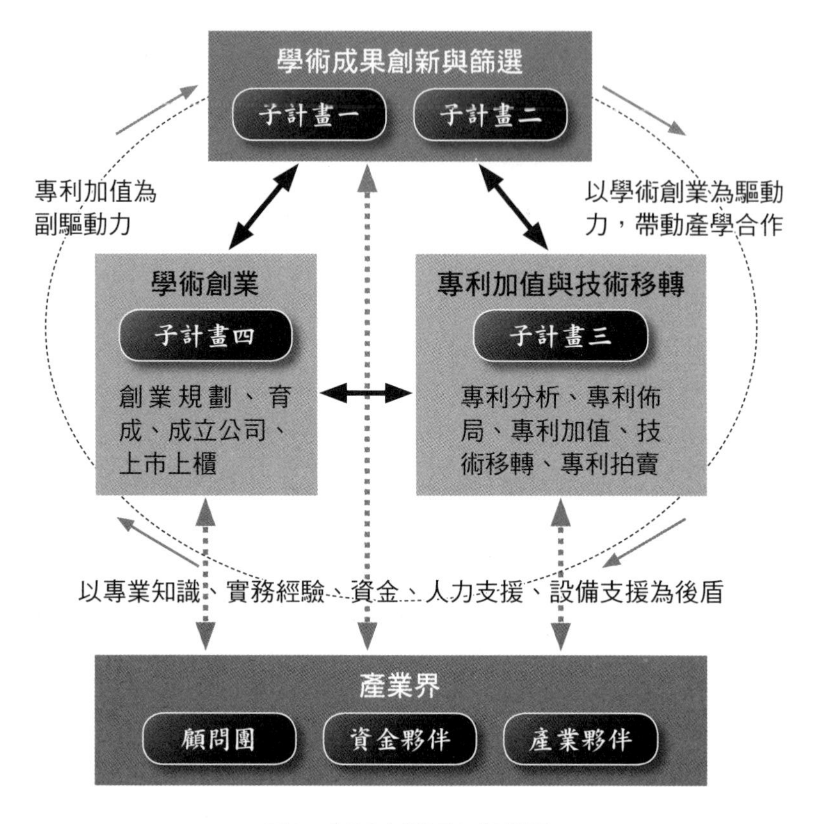

圖1：創新產學平台架構圖

假設教師的研究報告能在頂尖一流的期刊雜誌發表，可是卻無法交代研究成果在經濟、社會、產業上面的貢獻，這個就是需要去創造附加價值的部份，所以不是去創造一大堆的excellent paper，如果有的話，那是附加的，但是主體應該是反過來看的。從美國的經驗來看，基本上教授是比較缺乏”entrepreneur”，就是創業家的精神。教授喜歡有free research，所以如果我們把重點放在教授創業會事倍功半，我們不如來鼓勵所指導的學生去創業，因為學生能以這個為職志，所以我們在這個研究團隊中增加對學生創業精神的培育。

另外就是把企業引進來，如果沒有企業投資者，沒有這些伯樂，

那好的技術就出不去，所以還要有產業的關聯，並帶進學校。一般產業界對學校的觀念多是認為學校所做的研究太過理論，產業是不會進來的。所以一開始，因個人較了解電資領域的教授有那些專長，所以找當時的清華大學電資學院吳誠文院長合作，進行到一半，吳院長就去工研院任職，所以我們就把工研院的經驗加入。把清華大學電資學院跟科管院結合在一起，找一些教授加入，將過去的經驗拿來評估技術能如何應用，結果第一年的成效還不錯，所以第二年就擴大到原科院及生科院，慢慢去說服他們的研究團隊。

學生做了和原來學術不同的磨練之後，他們會發現原先做研究的時候，往往會忽略專利，其實從落實經濟效益來看，如何把你的文章及研究報告變成優良的專利是一門非常大的學問，還有怎麼把不同的專利有組織性的變成策略，這也是一門很大的學問，而且這要花很多的力氣。這個計畫是organic growth，因為它是個平台，在開始的時候只有電資學院，但我們慢慢地growth，於是請了一個博士後研究（Post doctor）來協助，他的任務就是帶著這個概念到清華大學各優秀的研究室去敲門，產生良好的互動，慢慢開始成長。這跟原來國科會的計畫也不太一樣。

基本來看，學校的研究計畫跟管理、企業的關係可以有兩個主要的部份。一個就是做的東西不錯，我們想辦法幫助，如果學生也願意，我們協助他去創業，所以我們要教導如何把知識從學校裡面推展出來。第二項就是做研究的教師，我們要讓他的專利做的更好，他也許不適合創業，但是可以做專利license，或者是他的專利license不成功，但可以加強他未來的研究。所以產學機制其實是在於回饋教師的研究，讓教師下一次的研究能做的更好，或者是補強研究的不足。另外一個就是研究做的不錯的教師，可以想辦法把它變成有專利license，或者是以育成的方式，這是內部可以做的，但如果內部做不來，就需要靠外在的協助，所以必須有很多的策略聯盟。這也就是說，在學校的研究要跨出靠自己做研究的想法，因為一般學術研究都是獨立研究，但是在做產學的時候，無法獨立研究，因為獨立研究做不出成績，必須要有所謂的開放創新（open innovation），就是說要跟別人一起來開創新的東西。所以如何尋找合作的對象，然後最後的成果又可以在原來這個教授的career領域，而不覺得被冒犯，這個是一個心態的調整，所以在某些地方是要鼓勵教授可以跟別人合作。

從管理面來講，什麼叫做管理？管理就是不斷的問--重要的問題（key point），釐清這個技術的定位是什麼、可能主要面對的市場會是什麼、競爭會是什麼、專利position會是什麼，這些問題就是管理的問題。這些問題在工程、理工領域的老師或學生心目中是有，但不夠清楚，所以要不斷的同時引進很多工研院跟企業界的支援。第一年做了之後，我覺得這樣還不夠，所以就找學校的技轉中心。機制不能只靠一個計畫來做，必需靠學校的行政力量，所以學校的技轉中心、育成中心要慢慢地統整進來，把這一套機制在學校裡能夠建立起來，到最後等於是計畫協助學校研發中心進行所有專利的盤點，學校要知道在幾百件專利中，有那些專利是在哪一個領域，至少要對學校的專利了解。第二，我們要知道學校的專利有沒有可以共同合作（synergy）的，如果可以，這些專利就能產生比較大的能量。這就是剛剛提到的，清華大學很多的專利都是零星的，只能碰運氣，用拍賣的方式，但如果這些專利能共同合作（synergy）的話就可以加值，所以清華大學在第三年想要做燃料電池的部份，去創造它的附加價值，同時對於學生，尤其是理工背景的學生，雖然技術很不錯，但是一般管理的知識很欠缺，所以必需要做很多的彌補。

專利創業或者是團隊組成（team up）把兩種學生放在一起，這個團隊裡面一定要有技術的學生，還要有管理的學生。第一年我們可以看到大部份都是電資學院的技術，例如：可製造性設計（DFM, Design For Manufacturability）、機動平台（mobility platform），其中有一個power estimation，也是在電腦輔助設計 （CAD）上面的東西。經過評估覺得不錯，就經由這個管道去幫忙找經費，甚至找CEO、找總經理、找學生、老師去做研究及技術的顧問，第一年就成立了一個公司，表示如果有好的技術，經過這種方法是可以創造出來的。可是有一些東西還是必需要做更多的研究，並經由專業的分析，得知研究應該朝什麼方向進行。另外亦提供管理系所的學生一個很好的實習機會，我們找了很多位戰地記者，因為創業就像打仗一樣，怎樣在戰場上去觀察、去歸納，這樣的過程當中需要什麼東西，提供管理的學生一個很好的學習路徑。重要的研究領域、專利到處都是，所以做了半天可能會發現專利的position不夠強，其實是白做了，所以要從這些不同的地方進行很多的調整。

產學真正貢獻應該在於最後是不是能夠產生效益，但是很遺憾國科會還是要報告發表幾篇論文，可是那個並不是產學根本。這個計畫在三年之後將不會再繼續做，因為基本上是要把這個落實到清華大學的整個管理機制，變成一個routine、文化要改變的。所以未來學校要將研發處、技轉中心、育成中心、管理學院的合作交流都變成一個經常性的行為，而不再是用一個計畫來做，同時能夠對清華大學與產業的關係建立一些新的作法。

活化學研能量（二）

曲新生

工業技術研究院副院長

學經歷／獲獎

- 國立成功大學機械研究所博士（1982）
- 國立交通大學副教授、教授、系主任、副院長、主任秘書（1984-2006）
- 中國機械工程學會理事長（2007-2008）
- 中國礦冶工程學會理事長（2004-2005）
- 國科會工程處熱流學門召集人（2000-2001）
- 中國機械工程學會「工程獎章」（2009）
- 美國機械工程學會 Fellow （2008）
- 東元科技獎 （2004）
- 國科會傑出研究獎
- 中國機械工程學會「傑出工程教授獎」
- 中國工程師學會「傑出工程教授獎」

史董事長（史欽泰，現資策會董事長）是從工研院轉到學術界來，我則是在交通大學任教超過了十七年，之後來到工研院服務，到2009年七月滿9年。所以看起來這就是一個標準的學研合作的模式。今天特別是從需求面來觀察，台灣現有產業及未來發展，台灣未來機會在什麼地方？台灣從過去1950年代開始到2000年的50年當中，基本上過去台灣的製造業非常強，特別是80年代以後。但是這種OEM（Original Equipment Manufacturer）到ODM（Original Design Manufacturer）到未來的所謂品牌（Own Branding & Manufacturing，縮寫作OBM），甚至發展出產品、系統，甚至提供服務，這個價值鏈中OEM和ODM所需要的是紀律，但是未來所重視的，包括產品也好，系統也好，透過解決的辦法也好，真正一個關鍵點則是創新。台積電張董事長也特別提到，知識領域裡面重要是的創新，而不是知識。台灣在未來要有所謂新的產業出來，沒有突破性的創新，台灣的競爭優勢會嚴重的不足。

舉一個例子，新竹科學園區在1982年成立，到86年的產值有170億台幣，到1996年的時候產值大約3300億台幣上下，到了2006年有1.14兆，前十年成長將近20倍，後十年成長了4倍，但是前面10年基本上是以製造為主，後面10年IC設計開始發展因而帶來成長。未來台灣假如還是靠製造業再繼續走的話，不管是CO_2排放也好，能源消耗也好，也隨著成長。其實經濟成長跟能源消耗有很大關係，所以台灣以後的產業可以做些調整，從這種角度來看的話，創新變成非常重要，假如講創新，學研合作就極端的重要。所以從需求面來看，一開始會從這個角度來切入，未來台灣的價值鏈，不能靠製造業，而是要有新的服務模式，或者新的商業模式。張董事長曾經特別提到新的商業模式（New Business Model）的價值甚至比科技的創新或技術的突破更重要。台灣未來是要靠新的商業模式，新的服務來帶動高附加價值的製造業，所以從這些觀點來看，創新就變成極端重要的一件事情。

前篇史欽泰董事長的報告，特別強調所謂創新未來一定是開創式的創新（Open Innovation），換句話說，創新可能不是一個學校單獨做，也不是工研院自己內部在做，而是能夠由一個團隊共同來做，這種開放式創新，不僅是所謂地域式的開放，特別是現在的Internet，像視訊會議（Video conference），甚至是所謂的電信會議（Teleconference），是非常容易，這種創新出來之後，因為有多元不同的角度，才能刺激出更多新的想法。

科技管理與技術結合會開發出新的模式、新的公式出來，所以不同的專長、不同的產業的結合會變得非常重要。如果從創新的價值鏈來看的話（圖1），可以清楚的看到，從最上游所謂概念的衍生（generation）到中間研發及應用，這個地方刻畫出來的是可以應用當作一個改善的動力，有新的應用。舉個例子，人類假如要解決未來30年的能源問題的話，從這個需求會帶動研發，當然也會有創新的力量，新的研發出來以後會帶來新的應用，這個價值鏈中需要更多創新的想法，不單只是創意而是創新的想法，從應用到研發出來以後，會產出IP來，需要大膽創新的Venture出來，有新的公式會出來，甚至新的服務模式，這個鏈上面有非常多創新的部分，甚至這個部分出來之後，可以告訴我們商業營運，還有創新的商業模式。所以從整個創新的價值鏈來看的話，在每一個階段都有創新的需求，而且都有學研合作的機會，從這個方面來看，顯然不是工研院一個單位做得出來，也不是單獨一個學校做得出來，而是變成所謂的學術界跟工研院共同合作。工研院的經驗其實是需要非常多不同的整合，包含資源的整合，這種資源整合的概念還不是說工研院出錢學校出力，而是從全國的資

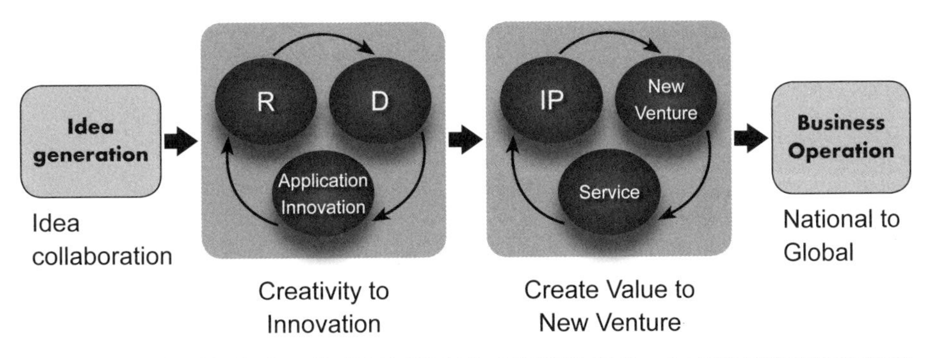

圖1：創新的價值鏈經由開放式創新與開放式經營的模式，為產業創造高價值並帶來重大影響。

源角度來看。學術界的資源是來自國科會和教育部，而工研院的資源則來自經濟部。

再舉一個例子，過去幾年前的時候，現在國科會應用科技小組的萬其超執行秘書，當初負責能源科技的方面，能源局一年出3000萬台幣到國科會應用科技小組，萬教授希望由工研院來出題目，把大的題目中比較深入的部份由工研院來做，所以提供500萬的經費，就從工研院的前瞻計畫來做。500萬的計畫推行以後，提供學術界的教授們來申請，但是這些題目會跟工研院執行的很多團隊互相連結，所以資源的整合不僅是工研院內部的整合，也是學術界上中下游共同資源的整合。當然研發聯盟裡面已經完成了很多包括產業界、學術界、工研院的結合，這個部分到後面除了資源整合、學研合作、研發聯盟以外，其實育成中心會變成非常重要的一個環節。這個部分工研院在1996年由史欽泰董事長擔任工研院院長的時候，創立開放實驗室（Open Lab），包括了育成中心。現在十年有成。在96年的時候，工研院裡面有一個公司叫群聯電子，是交通大學五個碩士班畢業生，還有一個是馬來西亞的僑生所組成，用的名稱叫Phison是Fiveperson的簡寫，這五個人的創業幾乎變成是在flash領域中全世界Number One的公司。所以這種開放式的創新，把年輕的學生結合在一起，未來會有非常多的機會，把他們的價值發揮出來。所以這些大部分都是學研合作的需求面，或者是有極大需求可以做，而不是說因為政策要推動才進行學研合作，而是為了台灣未來二十年、三十年的經濟發展，有其必要性。

工研院至少跟國內六個大學設立了學研聯合研發中心，舉個例子，對交通大學的話，我們是以通信為主。交通大學提供一個很好的空間，讓教授進來，工研院的同仁也到這個空間共同研究，變成一個合作團隊共同研發，幾年下來有相當不錯的成就。所以我們認為學校跟工研院，甚至跟工研院有關係的產業所研發出來的東西，可以很快的放入生產線。再舉一個例子，譬如在南分院（圖2），從十幾年前成立後，大概在兩三年前已經稍具規模，現在將近有500位同仁。希望透過工研院南分院的力量，能夠把南部學術界的力量作整合，所謂蜂巢式的，以成功大學為一個主軸，把南部的南科大、遠東科大、逢甲大學、崑山科大和虎尾大學全部結合在一起，這種資源的整合會產出非常多的創意，甚至有技術的創新，並有創新的應用，達到學研合作創造價值的地步。像台大跟工研院合作關節軟硬骨修復技術也是非常成功的案例（圖3）。另外一個是軟性充氣磅秤（圖4），也是一個創新的想法，看起來不是一個很困難的技術，但是做出一個磅秤以後，對世界有很多的影響。這個部分特別強調，在學術界裡面，教授最大的好處，就是有非常多創新的想法，甚至會有一些新的概念出來。但是在做的時候，即使產生了專利，可能在事前沒有把專利佈局做的很完整，所以它的價值可能受到一些影響。假設把相關的專利組合在一起，變成完整的結合，價值可能不是倍數成長，可能是一個Order、兩個Order的成長，像這種把專利共同結合在一起產生價值的概念，未來都是給學研合作的機會（圖5、圖6）。

Idea collaboration 案例
南分院產學研共同研發平台——創新蜂巢

網路平台展示階段性成果
提供研發資訊和資源雙向交流
探索階段性研發成果商品化的機會
已有7個學校40件作品上網

創新應用

提供加值服務
- 專利分析／佈局
- 技術移轉諮詢
- 智權法律諮詢
- 創意點子智財權保護
- 技術鑑價
- 媒合服務

技術授權
產學研合作
創意構想商品化
專利授權

創新蜂巢
零組件類
系統/產品
創新服務
技術類
中正大學
中山大學
崑山科大
虎尾大學
南台科大
高雄應用科大
ITRI South
成功大學
台創中心
長榮大學
遠東科大
高雄大學
逢甲大學
勤益科大
高苑科大
義守大學
高雄第一科大

圖2：Idea collaboration案例：南分院產學研共同研發平台--創新蜂巢

Idea collaboration 案例
兩相關節軟硬骨修復技術

- 可修復並再生損傷的軟骨組織，避免傳統人工關節置換手術。
- 以生醫材料配合少量自體健康軟骨組織修補，手術創傷小且快速（40分鐘，不需體外細胞培養）、減少病患疼痛，已有5項專利獲證。
- 已完成GMP建廠、試量產製程，已在台大醫院進行人體臨床試驗。

以往作法

－不易覓得適當國內廠商，或成效不佳
－授權國外廠商境外實施相關專利技術

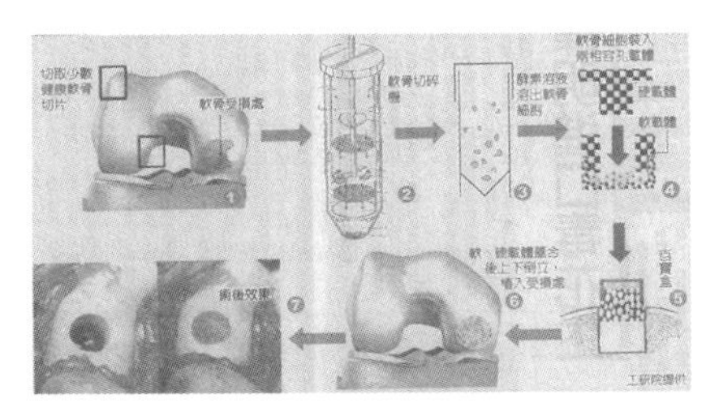

創新作法

一、國內醫學臨床與應用研發合作成功的首例
二、積極主動向國際知名期刊投稿，提升專利技術能見度
三、游說有意願廠商來台設立公司，參與本案專利技術授權公開招標案之投標
四、與台大醫院密切合作，以醫師專業及本院技術專業，共同呈現本案產品之可量產性、可應用性。
五、投標前與廠商密集溝通說明其在台之公司之發展機會，拉高其投標金額

圖3：台大跟工研院合作關節軟硬骨修復技術案例

Creativity to Innovation 案例
軟性充氣磅秤

- 與大可設計公司合作之家用氣墊磅秤、醫療用氣墊磅秤及紙磅秤三項創意產品，榮獲德國 2007-8 iF 創意設計獎。
- 家用氣墊磅秤、醫療用氣墊磅秤兩項榮獲2008德國Reddot紅點金牌獎 。
- 結合壓力感測器與軟性電子相關技術，讓磅秤由「硬」變成「柔軟」，便利攜帶使用，如供　床病人使用。
- 專利3案申請中。

醫療用氣墊磅秤　　家用氣墊磅秤　　紙磅秤

圖4：Creativity to Innovation案例--創新軟性充氣磅秤

Create Value to New Venture 模式
產業專利聯盟（IP Pooling）

本院專利 ITRI IP → ●專利組合 IP Pooling ●商業化規劃 Business Development → 新商機 New Opportunities

學界／業界專利 IPs from Universities and Industries → ●專利組合 IP Pooling ●商業化規劃 Business Development

- Digital Video 數位影像
- Flat Panel Display 平面顯示
- IC Design IC設計

Ex： 1. 與David Sarnoff lab在數位影像的專利上合作，整合佈局後，轉給國內的廠商。
2. TTLA LCD相關專利Portfolio 402件

透過科專的專利的轉讓/專屬授權/共有，與業界結合形成專利聯盟，快速補強產業界的專利地位，面對國際大廠的專利訴訟，減低權利金壓力，進而強化產業邁入下一代的信心。

圖5：Creativity to Innovation案例--創新軟性充氣磅秤

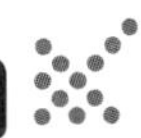

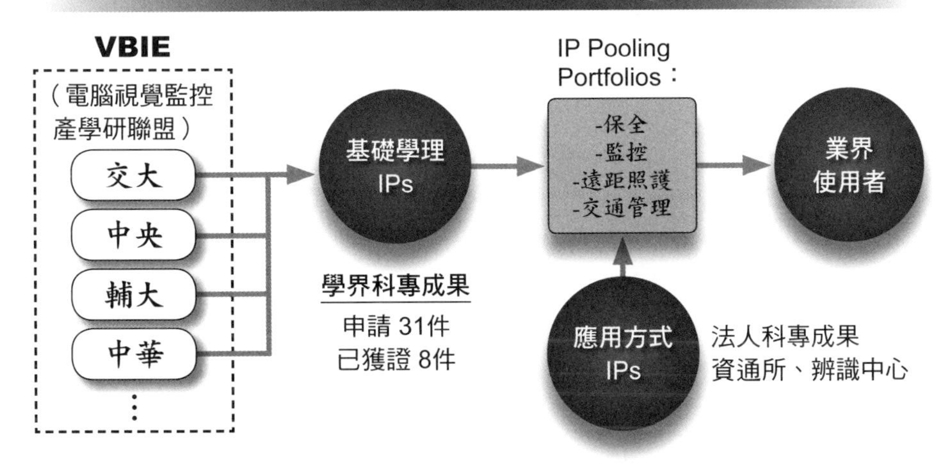

- VBIE由學校自行組成，已擁有安全監控的基礎IPs，結合ITRI豐富的Domain know-how與應用IPs，應用層面跨保全、遠距照護、交通管理等多項領域。
- 本案結合了學、研雙方的長處，組成極具吸引力「IP組合」，以供產業作加值運用。

圖6：Create Value to New Venture模式--產業專利聯盟（2）

所謂的學研合作，要從剛開始的構想（Initial Idea）來共同規劃題目一起合作，我們講這個整合管道（Converge channel）、創意衍生（Idea generation），以後資源比較容易整合。特別強調現在學術界，幾個大學五年五百億的經費相當充足，我們用這種方式，跟清大、交大共同規劃找到好題目，希望這些題目在全世界產生重大影響。規劃完畢以後，所謂的資源整合，我們期望雙方會形成一個合作團隊，所以最近我們對於清大和交大在談的就是打破圍牆的概念。教授在交通大學的實驗室進行研究跟在工研院實驗室進行研究是完全一樣的，所以真正形成一個合作團隊，然後各自發揮專長，創造出更大的價值，共同分享，這樣的學研合作，未來會有更多機會，會更受到大家的肯定，從國家需求面來看的話，對國家未來競爭有更大的幫助。

活化學研能量（三）

張瑞川

宏碁產品價值創新中心
技術總監

學經歷／獲獎

- 國立交通大學計算機工程研究所博士
- 中央研究院資訊科學研究所合聘副研究員
- 國家科學委員會資訊學門召集人
- 交通大學電子資訊研究中心副主任
- 國家科學委員會科學資料中心指導委員會召集人

工研院史欽泰前董事長的報告，有百分之七十的研發能量集中在學校，以博士的人數來看大概百分之七十，也可能超過百分之七十，我是少數從百分之七十補到那百分之三十去的教授，我原來是交大的教授，在交大任教十九年半。教授離開教職到工業界有兩個方式，第一個就是去參加新創公司，例如你有新技術或是有技術團隊，業界覺得你是不可或缺的，就會請你過去。第二個途徑就是到一家大公司，通常就這兩個方式。我第一次是參加創業，是在1999年，那時候網際網路正在發展，一輩子難得有幾次機會在公司還沒設立時，就有股票喊到五百塊錢一股，那是很少有的經驗。就在1999年的時候，那時候是施振榮施先生請魏啟和教授介紹了解Linux的教授，魏教授就找我跟施先生談談。我想在資訊界施先生是我們的偶像，從小就看他是成功的楷模，所以能夠有機會談談也不錯，而且施先生也是交大的校友。施先生提議我可以出來開一家公司，如果有機會有好的作業系統，讓整個PC工業界有革命性的改變，我聽聽覺得不錯，可能有一些革命性的突破，剛好那時候我是休假年，所以我就同意了。施先生找了宏碁的創投基金投了六千萬，然後叫我找好研發團隊把公司搞起來，我做了這些事情，所以我有創業經驗。可是後來我沒有真的參加那家公司。原因是因為如果那時候我有個學生在中研院做研究，他很有企業精神，覺得他可以領導這家公司，所以我想老師不要跟學生爭，我就回到交大，讓學生繼續營作那家公司，後來因為網路泡沫化，那家公司就倒了，所以這是我的第一次創業的經驗。

到了大概2002年底的時候，施先生又來找我，這一次跟上一次不太一樣，上次是有個投資機會，這次他是跟我說宏碁在2001年年初分家了，品牌需要研發，尤其需要提升品牌價值（value update），就是有些創新的研發，讓品牌價值得以彰顯。ACER是少數的知名品牌，那時候全世界大概第九名還是第十名，其實PC產業，低於五名就普通了。我記得那時新的老闆跟我說，我們一個月先賠六百萬美金，第一步想要先止血，研發部份就看你要做什麼先計畫一下。那時候我想說教書已經教了十九年半，快要可以退休了，當時正好開放學校教授可以借調到民間的私人機構，以前只能借調到工研院、國科會及其他大學，我想教授當了那麼久，出去走走再回來學校，因為借調兩年後，是可以再申請借調兩年的。後來我的老闆派一位秘書給我，他要我們去龍潭把研發中心創立起來，所以前一、兩年我都在找人，到了第三年就慢慢穩定了。我們現在研發中心大概有兩百位員工在世界各地，在台灣有一百多位，併了捷威（Gateway）之後，在美國及法國各有一個研發團隊，我們公司也從原本的第九名爬到全世界第三名，那是很不容易的事情，因為前面兩名一家是HP，一家是DELL，我們希望在2011年到2012年趕過DELL，這在以前是沒辦法想像的，因為DELL曾是世界第一大PC公司，但是我覺得我們有這個機會，這是我的從商經驗。

第二件事情，我在2006年借調期滿後就把交大教職辭掉了，有些同仁跟我說，你還差幾年就可以退休可以領終身俸，不是很可惜嗎？很多教授不願意出去，是因為教授薪資還不錯。我二十五歲那年就開始教書，做滿二十五年，所以我正好在五十歲那年可以退休，然後就靠國家養我。後來想想，我在ACER做的還好，研發中心正在成長中，我是帶頭的主管，我跟公司討論了一下，我就決定把交大教職辭掉，留在宏碁。

首先，報告的是我的從商經驗，第二點要報告是到產業界如何能夠成功。第一，到企業界之後，就該換一個腦袋，因為在學校的時候，坦白說，教授沒有老闆，我們對校長、院長很尊敬，可是基本

上，校長也不太會叫我們去做什麼，反正就把書教好，把研究做好，把學生帶好。其實我們是個體戶，自己開了一家公司，實驗室就是我的公司，每年我跟國科會申請計畫，或是跟外面申請計畫，就是我的經費來源，然後把學生培養出來，就是我的成果，其他的可以不必理會。可是到了企業界就不是這麼回事，因為在企業界完全是團隊合作，除了研發之外，還有製造部門、行銷部門、財務部門等，有各式各樣不同的部門都跟你有關係，你必須要能跟他們和平相處，因為沒辦法跟他們配合，失敗的可能就會是你，因為你是新進人員，是空降來當一個主管，所以如果教授願意去產業界，第一件事情就是要入境隨俗，到業界就適應業界的環境。

第二，是不要忘記原來的專業。因為不盡然你到了那家公司，你的專業就會用得到。我的專長是做Linux、Operating system，可是到宏碁之後，我們最大的合夥人是微軟跟英特爾，這兩家都是很難deal的公司。坦白說，ACER生產Linux PC有限，可是生產windows PC或vista PC佔大概百分之九十幾，所以必須跟這兩家公司有很好的合作，這時候你就要堅持你的專業，可是放掉對那些公司原來的成見，你必須與虎謀皮，因為你靠他們賺錢。

第三，就是要訓練自己當個好領導者，因為在學校裡的學生對教授都有某種程度的景仰，所以帶他們蠻容易的，分數在我們手裡，學位在我們手裡，所以我們完全的強勢。在外面不是這樣，因為不同的產業，不同的競爭派系，所以你要讓那些研發同仁，或者其他同仁跟你一起共患難或者共享樂，你必須要當個好的領導者，這樣他才願意跟你。所以你必須關心同仁們的食衣住行、或是他的心情、他什麼時候結婚、他家裡怎麼樣，這是必須的事情，跟教授完全不一樣。我在學校當教授，我覺得跟學生已經是非常親近了，可是到產業界以後，你必須要對你的同仁更關心，這是我第二個要跟大家分享的，就是教授到產業界可能必須面對的事情。

第三個是，我想對學校有些建議。首先就是要回應一下史董事長的想法，育成中心是非常重要的，大多數的教授對財務、人力資源管理是完全沒有經驗，他空有技術，就跟我第一次創業一樣，施先生叫我多雇一點人，我就雇了五十個人，我們的資本額有六千萬，但第一年就把錢花光了，後來當然有些生意，我們可以經營五年，可是基本上這樣做是不對的，因為在學校我們從來沒有量入為出的觀念。所以育成中心的主持人應該慎選有經驗的教授，或者我以後退休可以當義工，因為我有點經驗，這樣你才知道這家公司的技術要商品化，要能賣得掉的時候會是怎麼一回事。每個育成中心都需要做這樣的事情，如此成功的機會就大，對學校、對教授、對大家都有幫助，對國家經濟也有點幫助。

另外，我覺得應該鼓勵教授到外面走走，學校和教育部可以廣開大門讓教授出去，讓他有一點點機會回來，因為有機會回來就比較願意出去。如果你跟他說你出去後不要再回來，那他可能考慮東考慮西，可能還留在學校，這樣我們國家經濟就少了很多支柱，所以應該鼓勵教授出去，讓他們有機會再回來。因為他回來，可能少寫幾篇paper，可是基本上他有他的經驗，他的經驗對他以後做研究或對學校會有另外的貢獻，這是我第二個跟學校的建議。第三件事情是假設教授沒有企業家的精神，就是不想去創業，那我建議大家多寫專利，其實我現在的看法是專利比paper還重要。我舉個例子，我們去年開始被HP告，他要索賠的權利金是個天文數字，可能比我們公司的每年淨利還高。HP到東德州去告，因為一般專利訴訟都很慢，而那個地方判的最快，一年就會結案，所以HP跑到東德州去告我們侵犯專利，以

後ACER的產品要付HP權利金。第二個HP又跑到ITC（國際貿易委員會）去告，說以後ACER的產品不能進美國市場，因為Acer侵犯HP的專利。其實專利不一定是一個偉大的發明，可是有時候對產業界的發展是非常重要的。那我再講第二個例子，我們最近在做low cost PC，因為low cost，所以我們希望他輕薄短小，我們把hard disc拔掉，換成了flash，flash最近價錢很低，所以我們覺得用flash很reasonable。可是flash有個大的缺點，它覆寫和刪除的次數是有限的，只要五千次就掛掉了，原來裝資料是沒問題，因為write五千次不太可能，就像照相機在同一個地方寫五千次是不太可能的，可是你拿他來取代磁碟機，這就非常可能了。在用電腦時，磁碟機不斷的在write，所以裡面有個重要的專業技術，就是希望write不要在同一個地方，是很均勻的做。我們第一件事情就是請法務部查專利，那專利在台灣沒有幾個，可是那些專利的prior art，是我在十幾年前跟一個博士班的學生做flash研究的論文研究，所以大部分最基礎的部份是我們發明的，可是我們不知道，就把它登到著名期刊，然後學生也畢業了，我也拿到國科會計畫，大家都皆大歡喜，可是其實發表跟申請專利不違背的，所以有些很好的創新，我覺得學校該鼓勵教授去申請專利，學校其實可以幫產業界一個很大的忙。那HP告我們才講了一半，他要的權利金是我們付不出來的，所以我們只好跟他打官司，我們去美國花了很多錢，請了最好的律師事務所來幫我們打官司。我們採取的策略是我們也告他，我們找到1989年的一個power management的專利，是我們在美國的一個投資，我們就拿這兩個專利到威斯康辛去告他，結果威斯康辛法院的進展比東德州還快，HP可能會輸，雙方又很平和的結束紛爭。所以專利不見得是告人家，對一個國內企業，或要國際化的企業，在國際競爭的時候，也有非常重要的地方。所以ACER最近跟幾個大學合作，當然大學整個專利賣給私人公司就現在法源上還有點問題，可是我覺得這點該要突破，因為學校的專利大部分都不會去做商業應用，所以如果能夠開放，其實對產業界有很大的幫助。所以假設教授沒有很大的企圖心想到外面去的話，就請在發表研究論文的同時，看能不能夠申請專利，專利多了，代表我們國力是強的，也代表我們產業能力是強的，所以那佔百分之七十高等研究人力的學校教授對國內產業界仍有很大的貢獻。

第三章　產學合作—創意、創價與創業

產學合作真正貢獻在於最後是否能產生效益。在介紹政府立場、政策推動規劃、學校推動策略與運作及產業界對產學合作的看法後，第三章「產學合作—創意、創價與創業」由特約記者陳淑芬小姐以特約專訪稿方式直探產學合作的衍生方式，創意、創價與創業之間的關連。首先專訪工業技術研究院創意中心薛文珍主任，以反向思考的方式，看產學合作的衍生，到底是，以創意為內部核心，想方設法創造價值，繼而成為創業的因素之一（圖1）；還是具廣大創意源頭，在創意中發現蘊含之商機，繼而成為創業成功的特色（圖2）？薛主任以精闢的觀察，希望打破現今社會將「創意」當成一種賺錢的工具的迷思。薛主任亦以專業立場建議老師該如何引導學生的創意，建立孩子自信心，勇於嘗試新事物。

張翼教授與陳三元教授為本書「創價」過程的代表。兩者皆為以之前在業界的經驗，因瞭解創意為業界永續經營的要素，回到學校後充分掌握學術研究的創意，不斷創造價值，前者成為國際廠商的委外實驗室，掌握研發的關鍵技術，成為產學合作的常勝軍，而後者則是投入目前新興的生醫科技研究，透過創意競賽，不斷創造研發價值，成為後來設立先進釋放技術公司的推手。

在「創業」部分，以「先進釋放技術公司」及「無名小站」為代表，以組合訪問方式，從學校育成、教授及學生的角度，討論創業階段所需面臨的挑戰。兩者的發展模式截然不同，先進釋放技術公司是由劉典謨教授以其研發創意，有計畫性的主導創業，培育學生如何經營公司；無名小站則是由一群擁有熱情的學生，憑著單純的對經營網站相簿的熱忱，竟然無心插柳，在跌撞摸索中發現無名小站創造的價值進而創業，可以說是「創意—創價—創業」的楷模。

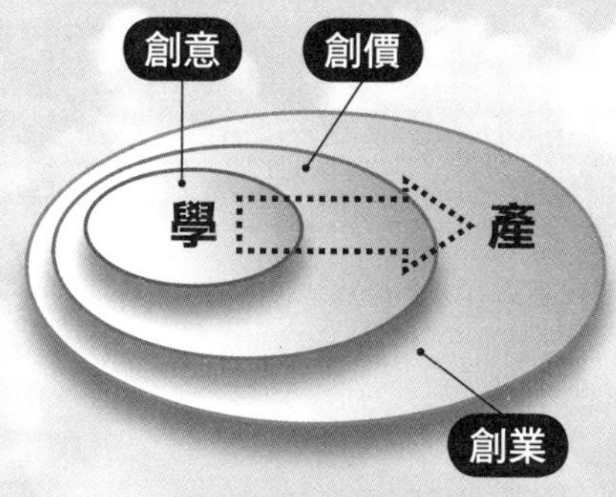

圖1：以學校的研究創意為核心，在創造價值後繼而能夠創業發展。

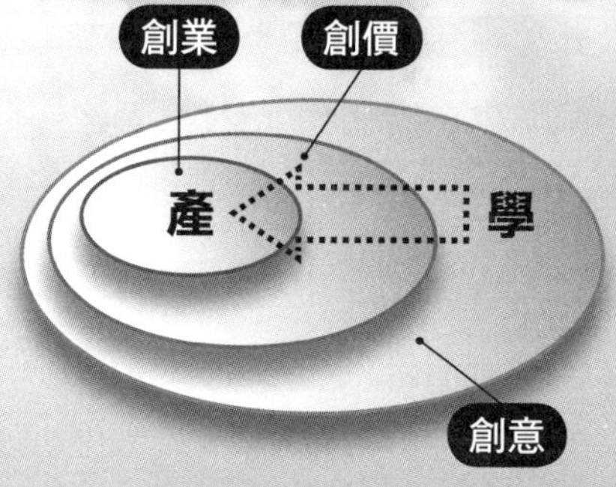

圖2：完全以創意為依據，所生產之商品有一定之價值存在，創意為其最大特色。

師法創意專家──

專訪工研院創意中心
薛文珍 主任

管理大師彼得．杜拉克先生曾於《創新與創業精神》裡提到「在許多討論創業家與創業精神的書籍中所描述的新事業，有相當大的比例是屬於聰明的創意。」其所謂聰明的創意係指源自於生活需求的創意，例如：拉鍊、原子筆、噴霧器等。換言之，為了提升生活的效率而產生的改良或發現稱之為「聰明的創意」，由此可見創意與生活日益密不可分。

近年來，創意儼然成為熱門話題，相關的探討書籍如雨後春筍般出現，綜覽群書後不難發現，要能轉化創意為經濟價值目前缺乏具體的標準化系統架構，因此，該如何從生活中提煉聰明的創意也就成為價值創造基礎中相當重要的能力。為了更具體瞭解創意的本質，本書特邀工研院創意中心的創辦人薛文珍主任來分享如何在生活中培養創意，以為未來創新思維之基礎，相關訪談內容摘要如下：

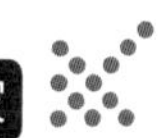

記者問（以下簡稱問）：請問主任以您專業的角度來看，創意大概具有什麼樣的輪廓呢？

薛文珍答（以下簡稱答）：我覺得大家好像都把創意放在最前端，好像我們最終的目的，就是要讓它能產生經濟的價值。我也不太確定，若以創業來講，它就是會產生一個公司或者是產生一個新事業體，那這新事業體就會去賺更多的錢。我最近開始想一些問題：我們（談創意）的目的就只是為了賺錢嗎？例如：交通大學今天要變成頂尖大學，所以我們在看「創意」、「創價」、「創業」這三件事時候，可能要回頭來審視大學的目的，是不是只為了培養一群將來進入社會可以賺很多錢、活絡經濟的人呢？這也就是我為何談及此議題之目的。

如果我們把「創業」當作最終站，那麼「創意」只是變成其中的一個手段或是一個發源。若以此角度來思考「創意」該扮演什麼樣的角色，那我們可能就會錯過「創意」真正的價值。「創意」有人稱為「創造力」，我個人認為「創造力」其實就是生命力非常重要的展現。我們因為有生命力，而有了創造力，反之，我們也因有了創造力，而有了生命力，兩者的關係非常微妙有趣。因為生命力，所以我們有希望，在這次金融海嘯爆發後，全世界有這麼多的錢，可我們對未來卻沒有希望。因此，我認為創意是一個手段，而創意才是我們的目的，所以我希望能嘗試跳開來，用不同的角度來看待創意。

創意中心成立這五年多來，我們談創意時碰到的最大的迷思就是很多人把創意當作一個工具。或許因為有創意的產品才賣的出去，所以創意就成了一個工具，在這種思維模式下，沒有太多人願意投入，變成工具的一部份，因為失敗的風險非常高。然而，在台灣為何還有很多人想要去談創意的最大原因，其實在於我們真的不了解它的本質，我們一直還在以很功利的角度去思考整件事情。可當我們以功利的出發點跟功利的目的為依歸的時候，就會發現前面願意冒險的人，是非常非常少的。

在教育系統裡對於創意的認知也是因人而異的。我們舉辦了一個給19歲以下的小朋友的創意競賽—U19（under nineteen），透過活動不難發現，競賽裡參與的孩子、大人或是家長都非常的熱情投入。反觀沒參與的人，有些是認為這活動對孩子沒用處，對指考、甄試沒有直接的幫助，反而還會佔掉孩子們讀書的時間。我想，創意這件事在父母的心中，可說是又愛又怕的，他們都知道也肯定自己的孩子其實是有創意的，可當有一天孩子要選擇自己想要的人生道路時，父母還是會希望孩子們收拾起創意，去走那條比較安全的未來道路，因為這社會沒有機制在終點時獎勵那些很有創意，可卻沒辦法把創意變成經濟的人。

問：由於本書的架構為創意、創價與創業， 所以想請主任分享學生該如何能夠在現有框架中激發自己的創意，以及師長應如何更有效地引導或激發學生的創意呢？

答：我想這個問題對於學生跟老師來說並不困難。

對學生而言，先要能培養一種習慣，不停的詢問自己：我想要的到底是什麼？也就是說，仔細思索在生命當中，到底自己想要的、追求的是什麼？把這個問題當成考題，不斷的來回問自己，不斷的想，然後隨著年齡的成長、知識的豐富或是閱歷的增加，答案可能會隨時改變，但自己一定要很清楚的知道「我要的是什麼？」。

為什麼有那麼多畢業生畢業即失業呢？ 那是因為社會上一樣的人太多，雖就生物學觀點而言，每個人DNA不同，所以都不一樣。但事實卻證明，一個工作的職缺可以有幾百人、幾千人來申請，而這些申

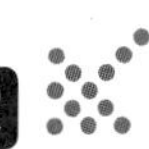

請工作的人所能提供給老闆的都是差不多的東西。因此，對目前的青年而言，每個人必須發掘自己的獨特性，找到自己無可取代、不可或缺的價值，然後要相信自己。當我們清楚目標，才能聚焦去做很多與目標連結的事，這同時也會減少很多的困擾。

在創意的部份，我看到很多很有創意的人，就敗在沒辦法堅持，我覺得有很多有創意的人，通常都有很多批判，有些人喜歡批判別人、有些喜歡批判自己，就是當想法出來，就認為自己不可能或沒辦法，還是別人不會支持，自己先把創意扼殺掉，導致想法無疾而終，當自己有些看起來亂七八糟的想法時，還是要有些堅持。

至於老師要如何導引學生的創意，很多時候，可能就是要有很大的包容力。雖說創意跟著人走，可更重要的是它會因為環境激發而產生。當環境對的時候人會變的很有創意，或是更願意與人分享。當環境不對時，即使非常聰明、優秀的人，都不會講一句話，特別是在那種高壓的氛圍裡。

身為師長們，當我們聽到一個在直覺、理智裡覺得這根本就是無稽之談的東西時，要先停下來，給孩子一點空間、彈性，聽他說完，或者讓它活一陣子，不要馬上反駁。因為就所有歷史上偉大的創意，在當初剛提出時都是相當匪夷所思的。因此，在導引學生時，必須非常有耐心地去聆聽、去了解學生說這句話的背後想要表達的究竟是什麼？而不要馬上批判「怎麼這麼笨？怎麼會這樣胡思亂想？怎麼這麼天馬行空、不切實際？」以免扼殺了孩子的創意。

此外，我覺得我們在教育裡比較少花資源跟精神在建立孩子的自信心上面，自信是來自對自身價值的一種肯定，這件事情與創意有非常直接的關連。當你了解自己、肯定自己的同時，就會變成很有創意、很有生命力的人。在過程裡，我覺得就是要鼓勵孩子們，如果他們不是很有自信，那他要不斷地問自己「為什麼我沒有自信？我是哪裡做的不好？我對我自己哪裡不滿意？我到底有哪些地方是好的？」在找到答案後，想辦法丟開不好的，去專攻那些好的。就好像我們數學不好就去補數學，卻沒發現還不如把補數學的時間拿去唸英文，英文變得更好，不是更好嗎？

問：請問主任，當我們有創意時，有沒有方法可以協助管理創意？

答：基本上，創意不容易管理，但是我們可以管理環境，可以把環境塑造成特別會有idea、特別會想講話、特別願意討論、特別願意分享的樣子。

作為一個主管、領導者、父母、師長，怎麼去塑造環境，讓成員能夠信任你。通常願意分享，是因為信任，不會因為講錯話，就扣分、扣薪水或年終獎金就少一點，才可能會把東西丟出來，這樣才可能激發創意，因此信任的建立非常重要。在學校也是如此，信任是否存在，將影響創意的產出，這是身為師長必須思考的。

問：時下很多人認為腦力激盪就是激發創意的方法，主任的看法如何呢？

答：心理學在研究「創意」已經非常多年了，創意其實有很多的工具存在。腦力激盪是種做法，但很多時候大部份人都錯誤的在使用腦力激盪這個工具。

有時候不同領域背景的人一起談，一定會有比較好的激發。至於如何去引導一個團隊進行對話，怎麼開放出來一個不錯的想法（idea），進而導引團隊對這個想法產生貢獻，是使用工具的重要關

鍵，因為根據實證與觀察，有個好的導引師跟沒有好的導引師帶領的腦力激盪所產生的效果會相差90%以上。

問：主任認為創意是有法可循的嗎？

答：這絕對是有方法的，但是人要對。有些人適合做導引的動作，有些人真的就不適合，我覺得這回到每個人的特質不同，所以人是重要關鍵。

問：在「影響人類的一百大發明」裡，當時的不可能的瘋狂想法，最後都被實現了。我們是不是可以說當下的想法，也許會變成五十年、一百年後的生活常規？

答：沒錯，我覺得（創意）這種東西就是不要輕言放棄，還要知其不可而為之。我知道不是所有的人都有這種特質，能去冒這樣的風險，做這種傻事。但有些人就有這種特質，像我自己，人家越是說不可能，我就越想去試試看。我會想「怎麼可能會有不可能？如果有，不是更好嗎？那我們就試試看吧！」所以，我覺得如果有這樣的特質的孩子，應該要鼓勵他，而且要讓他知道，他擁有一些很特別的特質，然後，這些不可取代的特質，就會變成他人生中很重要的資產。

問：最後一個問題，想請教主任目前創意中心是否有提供學界在創意範疇發展的服務呢？

答：因為現在中心的人力很有限，目前對於產業界的夥伴提供一些導引師的訓練，但僅限於產業界與工研院內部。對學界的服務，目前在思索研擬具體擴散辦法的階段。

非常感謝薛主任的熱心分享。創意是個浩瀚的領域，也是一段發現的旅程，透過薛主任的解析，我們約略的理解了創意的輪廓，也清楚的明白只有在舒適、信任的環境裡才可能涵養出創意。如果每位孩子都能確切明白自己的目標與特質，每位師長都願意用鼓勵替代否定、用包容與耐心理解孩子的想法與成因，相信我們就能擁有一個有創意的大環境。

在賴聲川的創意學裡賴聲川先生說：「創意是一場發現之旅，發現題目，以及發現解答;發現題目背後的欲望，發現解答的神祕過程。天文學家伽利略說：一旦被發現，所有的真理都很容易被理解;重點是要發現它們」。最後，在這個競爭的時代，創意已變成不可小覷的個人能力，我們在工研院的創意沃土裡，醞釀了小小的創意種子。你看見了嗎？

學術領域創價新典範——

專訪國立交通大學 張翼 教授

企業再造大師哈默（Michael Hammer）曾說：「未來的組織中將有三種人，大多數人要去做有附加價值的工作，其次有少數教練型的幹部去協助及增進這些工作者的能力，有更少數的人成為領導者指揮整個組織運作，這些領導者很有智慧、才能和遠見，他們決定組織的發展方向，並創造一個讓工作者能靈活運作的工作環境。」曾榮獲經濟部「產業深耕獎」及「傑出電機工程教授獎」的張翼教授就是最後者，其擁有非常豐富的產業界經歷，他所帶領的研究團隊深受國際廠商的青睞與肯定，因此，本書希望能在張翼教授的實務運作模式中，探討學術領域從「創意」到「創價」的模式，以為學界之參考。

產學合作價值創造之雙贏策略

古諺：「知己知彼，百戰百勝。」身兼材料與電子系教職的張翼教授，對產學合作間的落差有非常深入的觀察，他說：「實驗室的發展目標以開發新技術、創造專利（IP）或研究一些新科技為主，而非直接產出台灣企業所需求的商品，這是與國內廠商做產學合作時容易發生的認知落差，這個問題要在合作前先溝通釐清，否則在專案執行

過程中必然會造成許多時間成本與資源的浪費。」

由於張教授曾在產業擔任總經理多年，他觀察到許多參與國際研討會的中小企業仍著重客源開發而非新技術發展的探討，而這產業所缺乏的研究量能卻是學校研究平台所擅長的，因此，該如何有效提升產學合作綜效與技術能量，已然成為台灣中小企業永續成長不可小覷的關鍵成功要素。

此外，要如何讓產學合作值極大化，張翼教授也提供了實務上的建議。他說：「一般中小型規模的公司，較缺乏新技術或研究資源，若能針對個案提供量身打造合作方案，比較能提升產學合作的效益。舉例而言，有的廠商需求是最終產品，有些是需要些新技術知識或新產品，我們可以引導廠商給予建議，因為學校擁有中小型企業很難自行建置的研究量能與平台。」

建構獨具競爭力的研究發展平台

「工欲善其事，必先利其器」，要想建置一個獨具競爭力的平台是需要妥善規劃與運作的。根據張教授的經驗，一個成功的平台必須專注在自己擅長的領域。他說：「如果以三五族元件當主體，平台的發展範疇可與射頻、光電、太陽能電池或製程相關。所謂的『技術平台』是個概稱，其中包含： 機器、技術及各式各樣的材料，而箇中的技術領域也包括：測試的技術、製程技術、設施技術、設計技術等等。這個研發平台除技術能力外，整體服務與產出效能都要高於業界標準，才能因應產業嚴苛與多樣化的市場需求。」

從張教授的分享裡不難發現要想構築出獨樹一幟的平台，除了專注在自己最擅長的領域外如果還能加上些服務創新的元素，提供超乎業界標準的全流程的服務，必能吸引業界合作的機會。

在快速變遷的時代裡，如何獲得成功的機會並邁向永續發展之路，就必須建立一套有效的平台管理制度。此外，擁有多年實務運作經驗的張教授也補充說：「這是個行銷的年代，雖然學校不是企業，但我們還是可以透過參與國際論壇來與業界互動。在交流過程中，除瞭解產業需求外，也能提升自己研究成果的國際能見度，進而有些國際的合作案也能因而展開。」

從「創意」到「創價」的發展模式

在全球化的風潮下，國際化產學合作將益發頻繁，若以學校實驗室為平台基礎，透過張教授的實務運作經驗，可歸納出下列幾種雙贏的創價模式：

- 成為國際廠商的委外實驗室：張教授說：「在經過四年的合作過程中CSD Lab變成Intel研究室的一部分，同時也承接些電子相關製程合作，有效擴展實驗室的技術領域。」
- 成為國際廠商技術轉移訓練中心： 張教授說：「我們在技轉方面當成馬來西亞的外部電信虛擬研究所，提供馬來西亞電信局RFIC（射頻電路）相關的人員與技術訓練。」
- 成為國際技術資訊交換平台：張教授說：「在平台建立後，就能輔以優秀人材發展技術地圖，並透過國際研討會與外界交流互動，也可以依技術領域不同的廠商合作，奠定平台長期經營發展的基礎。」
- 成為國內前瞻性企業產學合作中心：張教授說：「學校主要以未來性較高的高品質研究為主，因此也可以提供國內較具前瞻性企業較客製化的產學合作。例如：奇美光電針對其產業需求提出研發表列需求單，讓教授自行提出計畫書，經雙方確認合作項目後再進行專

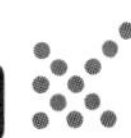

案的產學合作，如此一來將可有效提升專案效益。」

萬事起頭難，要能執行一個成功的國際產學合作案，除教授的專業能力外，學校的支持也是非常重要的關鍵成功因素。在實務上，平台運作需要很多空間與學生，國際產學合作都較可能長期進行，但是有時礙於合作對象內部作業問題，有可能會出現合約不連續的情況，而產生平台營運資金缺口問題。因此，若學校能協助制定長期國際合作的支援機制，必能讓交通大學的創新產學合作平台得到更高的國際能見度。舉例而言：如果學校可以在合約金額15%~20%管理費中先提撥適當比例作為平台的營運預備金，在合約狀況不連續時先墊付僱員費用留住人才，以確保平台的服務品質。關於人才，張教授語重心長的說：「人才之養成對於產業與平台都相當重要，惟因應產業發展趨勢，很多學生都轉讀設計，加上國外獎學金難拿，因此專業人才也日益缺乏，這是產業即將面臨的問題，卻也是學校發展產學合作平台的契機，若能解決這人才問題也是產業的一大福音。」

在訪談過程中，張教授知無不言，言無不盡。在言談間不難發現張翼老師對業界動態的觀察非常細緻且相當具有前瞻性，提供許多建議書給產業參考，同時業界的也都予以熱烈的正面回應。因此，我們請老師分享在進行產學合作的關鍵成功要素，期能讓欲進行國際產學合作的專案參考。針對張翼教授的建議依合作階段整理如下：

- **準備階段**：在準備階段，張教授建議最好要先有技術，掌握專利（IP），加上些新想法（Idea、Innovation），再正式展開合作，以取得專案的最佳技術投資報酬。
- **簽約階段**：在簽約階段，除確切釐清雙方的權利義務外，學校有標準的合約流程可以支援，但是仍要審慎思考合作成本與定價模式，比如：技術比重、學校與平台的資源投入程度或專案產出的主導權等，都會影響到簽約階段的合作策略，不可不慎。

- **執行階段**：在這個階段除持續溝通外，張教授還補充說：「現在多要求專利分享，但實際上在專案執行階段，有些專利是代客戶執行想法的產出不一定是共同研發，因此若能在合約中載明權利義務將有利於合作之執行。此外，若是專案執行過程發生了問題，有時也可尋求外部資源協助解決。」
- **成果發表階段**：在成果發表階段，除將合作成果透過國際的論壇發聲以提升研究與平台的能見度外，張教授也建議要持續跟業界保持互動，才能貼近產業真實的需求，以奠定未來產學合作新契機的基礎。

最後我們請問張教授，如果學校的老師很樂意想做這類產業互動，也想建構自己的產學合作平台，那該要如何開始著手呢？

試將張教授的建言整理如下：

- 從最熟悉的產業著手：透過國際交流機會引起別人的注意，讓對方認識自己的能力，讓對方瞭解自己的合作意願與誠意。
- 專注在自己核心擅長的領域：在專業領域的耕耘上不要太發散，應慎選專業擅長部份深耕，拓建相關產業的人脈，進而連結廠商或單位，並釋出合作的意願與訊息。
- 建構智能型彈性定價機制：若是新技術，可以考慮先將定價壓低，等技術被廣泛使用，自然就能賣得更多、更廣。
- 持續改善，精益求精：在合作過程中維持良性互動並持續改善，聆聽合作廠商的需求，持續修訂平台的合理運作模式。

結語

管理大師彼得杜拉克說：「不論是營利還是非營利，任何組織都有一套經營理論。事實上，一套定義明確、前後一致，且能掌握重點的經營理論，所發揮出來的威力相當可觀。」產學經驗豐富的張翼教授從1999年開始，戮力架構產業技術合作平台，十年後的今日國際大廠Intel、馬來西亞電信紛紛透過長期合約對此平台價值予以認證與肯定。

在此非常感謝張翼教授在訪談過程中不厭其煩、無私精闢的分享，讓我們得以藉由訪談一窺學術領域從「創意」到「創價」的運作模式，也發現這個學術平台營運創價的經濟效用與實證，或也能作為學校未來推動國際產學合作專案與制定長期國際合作支援機制的參考模型。

古人說： 登高必自卑，行遠必自邇。國際的產學合作是條通往國際舞台的路，卻也是檢驗學術基本功與專業實力的考驗，張翼教授的國際合作成績單已然在交大創新氛圍裡形成一個學術領域創價的新典範。當然，我們也深信在交大師生群策群力的努力下，學校豐沛的知識創新研究能量中必然還有許多的成功創價案例，方能醞釀出這座在世界大學排名中屢創佳績的交通大學。

從學術中創業的藍海標竿——

專訪國立交通大學 陳三元 教授

藍海策略大師金偉燦（W.Chan Kim）說：「企業在規劃策略時，幾乎總是先分析所處的產業或環境狀況，再評估競爭對手的優勢與劣勢，然後參酌這些分析結果設計超越對手的競爭優勢。」在先進釋放技術公司（ADT）的個案裡，我們不會看見傳統的SWOT分析，卻能從旁窺見其已具藍海策略之雛形。

在創新學風洋溢的交大校園中，學校裡的實驗室成果何其多，但箇中能同時榮獲國家生醫創新科技獎與交大思源創意競賽金竹首獎殊榮的實驗室實屬相當罕見，而先進釋放技術公司（以下簡稱ADT）在獲得了研究技術類的認同後，還以極具藍海策略的商業模型之姿贏得了台灣工業銀行舉辦的We Win校園創業大賽第二名的殊榮。我們為了具體瞭解這座奈米生醫工程實驗室的藍海價值發展過程，本書特邀引領ADT團隊前進藍海的總舵手材料科學與工程學系的陳三元教授來與我們分享該如何在實驗室培養學生的價值創造因子以及如何並引領該成果作為發展藍海商機的基礎，相關訪談內容摘要如下：

記者問（以下簡稱問）：請老師先概略談談先進釋放技術公司（ADT）是怎麼從創價到創業的？

陳三元教授答（以下簡稱答）：ADT這個公司的啟動點主要都來自於學生。先是因為有同學曾參加國家新創獎獲得了第二名的肯定，進而引發持續參賽的動機，而後又組隊參加交大思源創意競賽，在眾多參賽隊伍中過關斬將，最後脫穎而出獲得金竹獎的殊榮，然而，在參賽過程中讓我們發現了這個實驗室研發成果箇中可能蘊涵了無限的商機，於是開始有了成立ADT的概想。在獲獎後交大育成中心也提出了協助商業化的建議，於是考慮進駐交大育成中心並成立公司將實驗的研發成果商業化。

而後，現任ADT的總經理劉昆和與管科、奈米的同學們組隊去參加台灣工業銀行舉辦的We Win校園創業大賽，在披荊斬棘後獲得了第二名的肯定，也因而獲得一百萬的創業基金，加上交大的校友會也協助我們評估該如何引進業界與創投的資金讓ADT能順利開始營運，整個公司成立的過程大概是這樣發展的。

問：在ADT這樣一個從學界創價到產業創業的過程中，老師認為關鍵的成功因素會是什麼呢？

答：這問題可以分成幾個部份來說明，首先在研究平台與經費方面的協助方面，我相信任何一位想兼顧學術與產業發展的老師，都需要許多資源與時機的配合。如果我們就ADT這個案例來說，實務經驗豐富的劉典膜教授加入是相當關鍵的因素。因為劉教授和我都有國科會的計劃，因此在研究經費上相對較為充裕，才有能力買一些高單價的實驗設備，有效提升實驗室的技術量能。如此一來，ADT就像是半研發模式的公司，因為研發分析的需求很多都能在學校裡得到支援，相對的就可以節省初期的研究設備建置成本。

再者，在ADT營運發展的支持方面，有鑒於學界與產業的特色殊異，因此要由學界跨入產業著實需要非常審慎的規劃。因為團隊裡的劉典膜教授對於如何成立公司及營運相關的事務都擁有非常豐富的經歷，他的深度參與分擔了協助學生發展的責任。然而，現階段ADT的運作模式中，我們需要專業的人士共同參與公司的經營部份，而我們交大的學生則負責研發與技術，這樣齊心協力的產學合作可以讓公司的運作更快步上軌道。

最後，在ADT專業技術的發展方面，由於我與劉教授早期都來自工研院，而且我們本身都擁有相當多的專利，因此我們對研發轉成專利非常的敏銳，所以對於有產業化機會的研究成果，我們會請學生在發表論文的過程中，同時進行專利的申請作業，以保障技術領域的優勢，並且在發展研究的同時也與同學探討該技術的未來應用發展藍圖，有效減少從學術研究進入產業化的障礙。

問：請問老師在前面所提到在做研究時以價值創造的思維來探討該研究成果能否在產業應用，這樣是否能有效縮短從學術研究進入產業的發展時程呢？

答：話雖如此，但學生到學校主要還是想精進自己的專業知識，而非為創業而來，因此在過程中必須明白我們所做的還是以研究為導向，在發表了很好的論文後，然後再因應產業需求發展技術為目標，進而創造價值，也就是說今日的學術將來都有機會轉到技術的價值，這是非常重要的。在此同時，我也常鼓勵學生，雖然創業的過程很艱辛，但若未來真的成功，最大的獲利者是自己而非老師，老師只能在過程中得到一個很大的成就感而已。

此外，從實驗室到產業化仍有相當的距離，因此，我也常建議學生到工研院去從事一些研究與認證的工作，因為唯有我們達到那個專業的階段，才有產業化的可能，不然就永遠就只是待在實驗室裡。總而言之，我們在做研究的討論時，就要常常思考這研究做出來會在哪裡有很好的運用價值，若能在從事研發的過程中就先確定技術的未來性，將會產生不同的學習過程與研究成果。

問：以老師的角度來看，如果同學們想要創業，老師該如何提供協助呢？

答：創業過程中有一部份是商業合作。就ADT而言，業者在選擇合作時會先看微脂體（包苗、包藥）這技術有沒有市場價值，我們能不能把所有東西都包含進去，進而創造更多價值。同時，業者也會看實驗是否有實做，如果有，那他們就會認為這項產品已成功了大半，產業就會因而更認同你，同時也更願意挹注資金投資。換言之，技術的成熟度對市場而言相當重要，這是在創業前就必須先考慮清楚的。

具體而言，我認為老師能提供的協助內部就是技術的支援、外部就是人脈的關係。老師的基本功能是傳道、授業和解惑，加上老師從知識角度去思考，通常會比學生還來的深遠，所以可以協助學生解決在開發技術上面臨到的問題。此外，老師還能給予人脈與經驗的協助，畢竟老師的人脈較廣，相對地就能提供學生們更多的外部資源的連結，讓他們的公司能發展得更好。

問：最後一個問題想請問老師像ADT這樣由學生的研究出發，經由老師的指導，進而發展成一個深具藍海潛力的公司，您一路走來的感想為何？

答：今天這個事業能夠成功，我想不僅對學校、對同學都是個很好的學習模式。由於我們的成功，更引動了其它人想往這一塊發展的動機，我們建立這個模式最大的目標就是因為成立公司才有機會能因我們研究的成果而更有機會照顧到人類的福祉。我也曾發願，在我的教授的生涯中，若能有機會成立這樣的公司，讓公司賺了錢再去幫助其它更需要幫助的人，此生便也就無憾了。

以往談「產學合作」都是產業跟學術分開談，但ADT這個公司卻是原班人馬從學術出發進入產業的案例，如果我們用藍海策略的四項行動架構來檢視ADT的發展歷程，將不難發現其面向藍海之無限可能。非常感謝陳教授的精闢的分享，真誠的陳教授在訪談過程中侃侃而談，從學校的立場必須考量到的研發成果的技術發展性與存續性對學校的價值創造，也憂心實驗室沒有足夠經費就無法留住學有專精的學生。言談間，念茲在玆ADT的技術該如何精進以及公司如何持續運作的問題，他語重心長的說：「若從長期營運的角度來看，這個團隊要運作得更有效能，還要邀請一些其它有同樣的理念與共識的教授來共襄盛舉。」

總而言之，透過這次訪談我們不難發現，學術要有創意才能突破產學分離的窠臼，若能在從事研究的同時把創意與創價串連起來，才能有效昇華研究成果之效益。在藍海策略書中提到「一家公司能不能達到獲利型成長，主要繫於他在本業連結不斷創造藍海的過程中，能否持續搶佔前鋒。」在訪談過程中，我們可以感受到陳三元教授在指導先進釋放技術公司創業過程中，對奈米生醫工程實驗室投諸的心

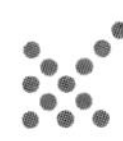

力與技術的堅持，相信，也就因為這樣厚實的技術能量才能引領ADT邁向不斷成長的藍海契機。在ADT的個案裡，我們可以清楚明白要從學術中創價與創業其實不難，只要有個優秀的技術團隊、幾位具備前瞻性的指導老師、先進的研究設備平台，再輔以堅信成功的熱情與堅持，就有機會能開創出無人競爭的藍海商機。你，準備好開始邁向藍海了嗎？

開創從學術到產業發展模式的新典範——
從交大材料所奈米生醫工程實驗室出發的先進釋放技術公司

由於科技不斷的進步，新興產業的發展方式必然與現行產業發展模式大不相同，在這個又熱、又平、又擠的新世代裡，唯有掌握核心資源，積極參與決定未來的產業架構設定新標準才可能會成功。在學風創新的交大校園裡也有著這樣一個小故事正在發生，先進釋放技術公司，從實驗室的校園創意競賽開始慢慢成長茁壯，獲得了WeWin創業競賽第二名的殊榮，並且得到台灣工業銀行挹注的新台幣100萬元創業基金，自此正式進駐交大育成中心，在交大的羽翼下發展出從學術到產業化的新典範模式。因此，記者訪問了現任職於先進釋放技術公司（以下簡稱ADT）的總經理劉昆和博士、研發協理董維琳小姐以及國立交通大學材料科學與工程學系的劉典謨教授，期能透過ADT整合學術與產業模式的經驗分享，作為從學術創價與創業發展之參考。

ADT背景說明

2009年榮獲台灣工業銀行WeWin創業競賽第二名的「ADT先進奈米釋放技術」技術團隊，在交大材料所教授陳三元、劉典謨指導之下，進駐交大創新育成中心，成立「先進釋放技術公司（ADT）」，共同實現創業理想。

先進釋放技術公司（Advanced Delivery Technology Inc（ADT））為了因應下一個生技世代的來臨，致力投身於相關的研究工作，旨在發展尖端型藥物釋放系統。 ADT 所代表的意義為「 同時具備先進的奈米包覆技術以及藥物安定化科技，並且成為智慧藥物釋放技術領域的領導品牌與製造中心」

聰明複製，創造產業新價值——

談從創價到創業

劉典謨 國立交通大學教授

記者問（以下簡稱問）：ADT從創意的激發價值，再經由創價去創業，請問老師是從何時開始有這種由實驗室面向市場的創業構想呢？

劉典謨教授答（以下簡稱答）：從世界的潮流看來，未來是個創業的時代。我一直有個集合不同領域專才創業的想法，這也是我回臺灣的主要目的。我認為像我們材料科技領域的專才能有某種程度的契合或組合，藉由現行的研究成果創造出一些特殊新奇的應用，就能形成創業或創價的隱形門檻，創造競爭優勢。

問：請問老師為什麼會有這種有實驗性目標的創業思維呢？

答：在國外很多知名大學像MIT、史丹佛、哈佛這些學校的教授們經常協助學生推展他們的成果，而台灣在這方面相形之下很少，可能因為我過去長時間在國外發展，因此，很想把這種國外的成功創業模式複製到台灣來。而且，我覺得這是個很好的機會，若能把這種觀念應用出來，在臺灣的學界絕對能扮演一個與產業界整合的示範。在此同時，因為我曾經擔任加拿大及美國多家生醫材料公司的首席科學家與

技術顧問工作，我發現若是學生能體會出自己的研究對社會能有所貢獻，而非單純只是論文發表，也將會更熱誠地投入研究，進而形成一種很好的產業發展，所以我希望能把這樣的示範模式建立起來。

問：相信要把研究成果變成商品化的過程是相當艱辛的，請問老師您怎麼看待這個階段呢？

答：我覺得我們運氣好是因為我們是附屬在交大裡面，包括我們實驗室的技術能量和交大育成中心等，在創業過程裡都是很好的資源。在實驗室方面，我們可以使用這些資源替公司去進行一些基礎研發的東西。比如說，雖然現階段ADT並沒有自己的研究室，它基本上就設在我們材料系，就是我辦公室的地方。但是公司成員裡的碩士、博士生及博士後研究員還是可以針對ADT的技術，先在實驗室繼續研究發展，甚至我們把這些技術領域延伸到不同的碩士或博士論文上作為一個新題目，當成新進的學生的研究方向，這樣可以減少資源的浪費又能夠強化技術創新的發展性。在另一方面，我們也積極去尋求一些外部的經費補助，儘早讓這個東西進入動物和臨床相關實驗，以期加速ADT的發展進程。

問：ADT現有的技術領域可以涵蓋的範疇相當大，請問老師計畫如何安排技術永續發展藍圖呢？

答：首先，我的方式是先建立他們的觀念，先思考所做的東西能不能對未來有所影響，或者這東西到底有沒有商業價值。然後，我希望學生們在一個領域範疇裡透過不同的角度針對主題進行深入研究。比如說ADT這個東西有人專做美妝類的研究、有的去做抗癌東西的論文，另外也有學生把胰島素放進去試試看，因為角度不同，所以方向與成果也都不相同，每個人未來所做出來的結果都是專利，而這些專利最後都是會回歸到 ADT，我覺得這就是個學術與產業充分連結的模式。

問： 請問老師您覺得ADT未來的發展會如何呢？

答：剛開始應該是以研發為主，未來希望能擁有自己的品牌。目前除了台灣的藥廠和化妝品通路商與我們有接觸外，最近也有日本想轉型的半導體廠商對ADT有興趣， 因為ADT現在才剛開始，所以擁有很大的彈性空間，也就是說ADT可以做代工，也可以量產自己所研發的產品，未來的發展空間擁有無限的可能性。

問：倘若有其它老師也想發展這種實驗室產業化模式，讓產、學間產生恆常的連結與互動，請問老師您有什麼建議呢？

答：我只能說要先找到自己的利基（包括： 技術能力的獨特性與市場需求），掌握正確的切入角度，這樣成功的機率會比較大。另外，我建議還要有個計劃，包含想要招募哪些專業的人進來，這也非常重要，具體而言，我找學生的態度不只是單純的「找學生」，學生來找我談的不單只是他們的研究，同時也考量學生未來在ADT的發展性。

此外，在對外的部份，要加速對外界資訊的吸收，增加新知產生的管道。比方說，因為我在美國、加拿大都建立了許多的點，所以我的管道就很通暢。例如抗癌藥，我每個禮拜都要與美國那邊討論，確認有沒有最新的技術，或者是有沒有什麼可行的發展途徑，如果有新的東西就把它移植到學校，找位博士生發展這個系列，因為我們現在所發展的這個基礎若是再加上新的醫療概念，很可能就會產生一個新領域，等到兩三年後有些成果，就可以申請專利。我個人非常注重專利，因為我覺得一個公司的專利（IP）是致勝關鍵，特別是生醫科技的

產業。

生醫科技產業是個非常獨特的產業，與電子半導體或是光電產業不同，人在生病的時候可以不要聽耳機，不要用電腦，只想病能趕快好起來，因此或者是提供新藥，或者是因為新技術改善療程，都可以是利基。

舉例而言，現在抗癌過程需要很多化療，整個化療包含了很多副作用，或者病患要吃化療標靶藥物，一年可能要花上一、兩百萬，實非一般的受薪家庭能負擔的。假設今天有個膠囊，病人只要在逛街前服用一顆，它（藥物）會自動到病灶去執行化療的工作，不會損壞其他健康的細胞。病人不必躺在醫院，不會掉頭髮、不會嘔吐，還可以做自己想做的事情。這樣的治療比病人躺在醫院每天花6~12個小時吊點滴一星期，然後吐三天，一個禮拜過後頭髮掉光等後遺症，相較之下就是透過現有技術提供醫療新選擇，這個藍圖也就是生醫產業的獨到之處。

此外，還有些關於願景的問題，像是公司的自我定位是台灣還是全球的市場，甚至於政府的產業發展政策也都必須事先考量，所以我說如果想要永續經營就必須要有一個全面性的計畫。

從創意、創價到創業之路——

談從學術到創業

劉昆和 ADT總經理

記者問（以下簡稱問）：請您先談談您從材料進入生醫科技產業創業的歷程。

劉昆和博士答（以下簡稱答）：我是陳三元老師的學生，在我還是博士生的時候，就對生物產業、生醫這方面有蠻高的興趣。我覺得這創業是個機緣，因為劉典謨老師在國外接觸的都是最先進的技術發展，所以他回來台灣指導我們也讓我們在技術發展方向更為明確，同時也因為老師覺得生醫的研究不同於一般產業，生醫所做出來的東西要能對人類有貢獻，所以我們發展ADT就是想要把技術應用到社會上去突破現有的醫療技術限制，能對人類發揮影響力並且產生實際的效益。

我個人主要的研究領域就是材料方面的，在論文研究的載體技術是可以應用到包含醫藥、美妝等許多領域，這與我參與ADT的創立也是相輔相成的。

問：請您簡述ADT目前的發展概況與策略目標。

答：ADT是國內藥物載體以及藥物釋放系統方面研究的開創者。為了快速回應市場與投資人的期望，在營運策略方面我們規劃了短期與

中長期目標。在短期目標方面，運用各種營運手法，先進入目前較容易產生營業利益的美妝領域市場，儘速達成收益獲利目標，降低投資者的風險，進而以此營業收益支援中長期經營醫藥領域市場之發展礎石。

目前，我們現正展開正式設立公司的法定程序，並著手進行公司營運作業流程之規劃。在業務發展準備部份，我們的研發產品已進入試量產階段，並針對美妝產業進行銷售通路開發與經銷商的佈建，此外，也積極開發中國大陸及東南亞保健食品市場之策略聯盟夥伴。

問：ADT這樣一路走來的創業過程，請問您認為它的成功因素是什麼呢？

答：在創業過程中其實會遇到很多困難，很幸運的是在交大可以得到很多資源的支援，減少了很多創業上的挫折與風險。在過程中一個好的導引也很重要，例如老師會比較知道現在發展的趨勢在哪裡，長輩會提供一些創業上的建議，這類方向的指引是蠻重要的。具體來說，成功因素有很多，但我覺得至為關鍵的是「人」，我們與老師的觀念相契合，然後這些觀念相同的人聚在一起，加上可以運用的資源，就會做出好東西。

問：請問您對於想創業的學弟學妹有什麼建議呢？

答：我覺得現在的產業環境不大一樣，建議大家要保持開放的心態，讓自己可以開放心胸去傾聽更多人的想法，而且要試著走入人群、加入社團，才會有更多的刺激和想法產生，也才可能發現不同的選擇機會。

只要有創業的想法時機會就已經存在了，因此，想創業的人，在日常生活中就要多去接觸相關的資訊，像是成立公司要具備的相關知識，如法律知識、財經知識、專利部分知識這些都蠻，另外還要開始儲備自己想要的人才，先把自己準備好，機會來時隨時可以創業。

跨領域學習典範——

談學生創業經驗

董維琳 ADT研發協理

記者問（以下簡稱問）：請您從學生的角度來談談您創業的心路歷程。

董維琳協理答（以下簡稱答）：我覺得這算是個機會，我大學主修藥學，畢業後考進念研究所，然後剛好劉典謨老師從國外回來，因為老師有很豐富的產業界經驗，所以會他指導我們把一些研究上的東西變成生活中的應用。雖然，從學術到實務應用會有一個很大的門檻，但老師一直很希望我們做的東西除了很尖端之外也要是在未來可以應用的。

當初會加入這個團隊是因為我以前是念藥學系的然後轉過來這邊學習生醫材料，有時候雖比團隊成員更熟悉生醫的領域，但因為生醫科技產業是直接面對人體的，所以我們還是要嚴謹一點。由於我們實驗室做生醫和材料都有一段時間了，剛好有些成果還不錯，而且這些東西跟我們生活還滿接近的，所以，我們就想可不可以把它變成說一個事業，進而變成一個公司。

其實我現在還沒有什麼壓力，因為現在還處於研究階段，尚未正式進入市場，所以我覺得現在好像還是學生的感覺，角度和角色都還

沒有完全轉換過來。我相信，當公司正式營運方之後，應該就會有些轉變了。

問：請問您認為ADT能夠在今年台灣工業銀行WeWin創業競賽獲得第二名殊榮，最主要的關鍵是什麼？

答：我覺得我們與其他人不同的就是技術與團隊的跨領域，而且我們整合了不同領域的東西。比方說：我們今天把材料結合那些看起來跟生物醫學不是那麼有關係的東西，所以從材料方面看這是個很新的東西，從生物方面這東西又很特別。

因為我們實驗室做的東西很多，從太陽能電池、環保議題到生醫材料，雖然都是不同的背景的人，但是大家都會聚在一起討論，若是我們有什麼想法兩位老師也都會蠻鼓勵我們的，對我們在自己的研究方面他都不會給我們很大的設限。而且老師們也是很有想法的人，常常在我們做進度報告時，都會再丟新東西給我們，引導我們研究的方向。話說回來，我覺得當我們參加那種外部競賽或比賽時，所有實驗室的技術，都可以透過競賽的討論過程將各自的專業技術與團隊跨領域連結起來，形成為一個很獨特的團體。

問：請問以您的角度來看ADT未來發展方向在哪裡？

答：我們知道這技術很不錯，現在正在籌措發展資金。就短期而言，技術門檻低的可能是美妝，我們商品化的速度很快。若是以長期而言，如果要更深入到藥品境界的研究，就需要長時間，才可能有成果，我覺得我們這東西他彈性大應該是成立這家公司的關鍵，而且特殊的技術需要透過一些教育讓別人知道這東西很好用，而且在宣傳時要怎麼去包裝它，像現在就是要怎麼去傳達我們技術是最好的，如何與市場需求整合應用上這是我們短時間內要克服的。

基本上，大家都知道奈米科技，只要看到奈米就會認為他的價值會高一點、會比較先進一點，所以我覺得這方面還需要透過包裝、宣傳。當然，就長期發展而言，我們還是往藥品包覆的技術發展，而且要做那種最昂貴的藥品的包覆才能突顯我們的價值，這樣也比較不容易被取代掉。

問：最後，請問您對學弟學妹學習領域與創業方面有沒有什麼建議呢？

答：對學弟妹而言，我覺得還是要多學或是要有廣泛的興趣，有很多東西不要沒興趣就不接觸，若有機會就應該多聽聽。像我以前在醫學院會跨系選修一些課程，遇到不懂的東西就主動去其他系所學習。

管理大師大前研一認為，在競爭白熱化的商業環境中，能夠縱橫職場的人，可略分為下面兩種：第一種是T型人：瞄準一種工作領域，不斷向下延伸就成一個T。因為不斷鑽研，你會擁有一像在特定工作上無可取代的專長，讓自己可以安穩做到退休。第二種是π型人，就是T型之外再多加一向立足能力，跨領域專才。一般而言，會跨領域學習的人很少，大部分的人就直接跟著系上的環境，但我會跑去其他地方，打聽其它實驗室，感覺還不錯的就直接去問。比方說：我去修化妝品材料、中藥等課程，有些人會把這些課當作營養學分，但我那時覺得既然有這門課我就要去修修看，而現在常碰到的狀況，有些可能是我去外系所旁聽時得來的知識。因為我們不知道自己什麼時候會用到什麼知識，所以最好就多學多聽，我相信廣泛學習無論如何都會得到報酬的。

對於創業，我認為想創業的人很多，想要賣雞排的人也很多，

但一般的雞排絕對比不上奈米雞排的市場吸引力。所以，要想創業之前最好還是先找到自己的獨特之處，相對的才能提高自己的市場競爭力。

ADT的故事很精彩，可惜訪談的時間很短。蓋瑞・哈莫爾（Gary Hamel）和C.K.普哈拉（C.K. Prahalad） 兩位策略大師曾經說過 ：「如果要爭取產業領導地位，公司必須要能為產業開創新天地，必須為本身的核心策略賦予新意。」我們在先進釋放技術公司這個剛剛起步的故事裡，不難發現這個以創造人類價值為核心策略的生醫科技產業新典範已經充分結合了學術與產業，在交大的校園裡開始慢慢的茁壯。我深信在交大資源豐富的創業沃土裡，由兩位教授攜手合作領軍，搭配上堅實的交大材料所奈米生醫工程研究團隊，必然能在不久的將來開創出無人競爭的生醫科技產業，獨創藍海新商機。

開啟學術創業的天線——
在校園裡萌芽，在轉彎處成長茁壯的無名小站

無名小站由當時就讀於國立交通大學資訊工程系的簡志宇於 1999 年成立主要提供 BBS服務，後於2004年推出個人相簿及網誌服務廣受好評。而後因會員數量快速成長，為提升服務品質遂於2005年3月成立無名小站服務有限公司，主要管理階層皆畢業於國立交通大學，實收資本額2000萬元。經過幾年的辛苦耕耘後，無名小站躍升為國內最大部落格與網路相簿網站，於2007年3月由雅虎奇摩百分之百持股收購，自此無名小站正式邁入國際化企業階段。

仔細回顧無名小站的發跡歷程，實屬創意、創價、創業的典範。這個完全本土化的發展過程不論是對學界或是網路產業都具有相當之參考價值，因此，記者訪問了現任職於雅虎台灣分公司無名小站事業部資深總監的無名小站創辦人簡志宇先生，國立交通大學資訊學院的院長林一平教授、資訊學院的副院長曾煜棋教授及身兼智權技轉組組長與育成中心主任的黃經堯教授等三位老師，期能透過現身說法的回顧與展望無名小站的經驗，以為產學與後進發展之參考。

楔子

在一個微雨的午後，走進台灣Yahoo的辦公室，溫暖的橘紅色將樓下大廳的濕冷驅逐殆盡，在美味的咖啡香裡，聽簡志宇總監這位從默默無聞到赫赫有名的創業家談起整個無名小站創立的過程。然後，另一個陽光滿溢的日子裡，穿梭在資訊學院裡，聽老師們分享從學術的角度看無名小站的創價與創業的歷程。迪士尼創辦人Walt Disney曾說：「If you can dream it，you can do it.」這「無名小站」就是在交大的豐饒的沃土裡實現夢想的例子。

從夢想出發，為人類社會創造價值——

談無名小站創業史

簡志宇 總監

記者問（以下簡稱問）：請問您還記不記得最初成立無名小站的動機是什麼？

簡志宇總監答（以下簡稱答）：在學校的時候，剛開始是因為發現了網路相簿的使用需求。當時美國正風行個人媒體，但台灣沒有人做，所以就開始在學校用個人專案方式進行研究，隨著專案範疇的擴充又加入幾位學弟、妹共同研究，後來提供更多的網站功能，大概是這樣開始的。

問： 從創意到創業是段艱辛的歷程，可否請您談談無名小站在校園創業的發展過程？

答：以無名小站的例子而言，我們在專案進行到一個程度時就必須決定是要讓研究的成果發表成論文，還是要發展成能夠永續經營的事業。而我們決定要發展成商業模式時台灣並沒有任何可供參考的校園創業案例，當時學校大部分是由教授帶領研究生做出新技術，然後用技術轉移的方式轉給外面的廠商，幾乎沒有學生帶著新技術出去創業的例子。

記得當時因為無名小站的用戶數快速成長，變成校園環境無法承載的規模，所以無名小站必須脫離學校，開始商業化的營運，一路走來算是相當辛苦的，雖然這樣的學生創業在當時是創舉，很多規定都不是很完善，但我們還是盡量找些能參考的流程，最後透過學校技轉的流程來決定技術怎麼合法移轉和將來怎麼回饋學校，我們還自己聘請律師和學校簽約。現在想想，整個過程其實很辛苦，但這應該對台灣學生的校園創業很有幫助，而且若較之其他沒有輔導學生創業機制的學校，我們交大在這方面是相當具有前瞻性的。

問：請問您身為一個創辦人，是如何看待整個無名小站的創業過程呢 ？

答：我覺得學校在協助無名小站創業過程裡深入規劃、探討相關的規範，這部份對校園創業非常的重要。我相信，在無名小站成功的走出校園之後，循著我們的經驗，後繼創業的學生也越來越多，學校的制度也更臻於完善，這樣學弟妹們就不必像我們當初那樣跌跌撞撞的摸索。

在離開學校獨立運作時，創意立即面臨了商業市場的競爭與嚴苛的考驗，以無名小站為例，我們必須證明這個網站在現實商業社會中是被認同而且有永續存在的價值，換言之，就是要把創意變成商業模式，就好像「搜尋引擎」是很好的創意，若是沒有「關鍵字廣告」，創意就不會變成商業模式。

問：請問您認為無名小站的關鍵成功因素是什麼呢？

答：我不能說我可以講成功，但是我看到真要達到成功要靠很多不同因素，而且天時、地利、人和三者至為關鍵。

我覺得學校方面提供的是「地利」。學校對於學生創意支不支援，以及相關的配套措施成不成熟、完不完整，這都是地利很重要的關鍵。相同的人才在台大、清大、交大，能得到的結果不一定相同，這一點我覺得自己很幸運。學校（指交大）裡優秀的師資、先進的設備加上領先的產業研究成果，形成一個很好的創意土壤，這些獨特的資源讓創意可以撐過發芽期順利成長進而創造價值，因此我覺得地利很重要。

再者「天時」也很重要。你做出來的這個服務是否過早或過晚都沒有商業機會。比方說，如果數位相機不普及或是上網費用很高，我們提供網路相簿的服務就不會有商機。

此外，「人和」也相當的重要。我們不可能什麼都自己做，所以我需要依靠夥伴。行銷方面我要找行銷懂得人，公關方面、產品方面、業務方面、法律方面，老實講我每一件事情都靠別人，沒有一樣是我會的，所以我覺得人和很重要。我們當初創業的團隊到現在都還一起分工，因為我們有革命情感，我們不只把自己的想法當成工作，我們看到每做一件事情，就稍微改變台灣網路世界的一點點，會覺得在這邊做事很有成就感。你有一些想法就可以放到這邊，就可以改變很多，像在無名小站出來之前，台灣的網路除了雅虎、奇摩外幾乎沒什麼新的東西。所以我覺得天時、地利、人和是缺一不可的。

問：請問您在創業之初是不是就決定要成為一位創業家呢？

答：如果我當初知道創業這麼辛苦，也許我就會打退堂鼓。有時候夢想是驅動人前進的原動力，就是不知道這麼難，所以我有那個夢想，我那時候只是懷著賭賭看的心態，當網站的使用者一天天的增加，學校已經沒有辦法再養它了，我希望能夠找到一個讓他永續活下去的方

法，所以如果不走創業這條路，網站就必須關掉。我那時的想法是看美國很多網路都是從學校出去然後賺錢，只要賺錢的網站就能活下去，活得很好。我當初以為賣廣告很簡單，只要把牌價上傳到網路上人家就會來買，我不知道事實上這麼難。沒有人跟我講過創業要去學法律，要去學會計，要學行銷，要學公關，要學一大堆管理的東西，甚至要學如何跟各種不同的人溝通，然後還要學業務。

創業就這樣，開始了就沒辦法回頭，只能繼續往前走。對我而言，我的夢想不是成為一個很大的執行長或創業家，我只是希望這個網站能好好的活下去，為了讓他活下去，我可以不惜一切代價，我可以學所有我不懂的東西，我可以做所有過去我不會做的事情，我的目標就是讓他可以好好活下去。所以為什麼我說，你若是從想法為出發點，就會讓你突破自己的極限，因為一個夢想的來源，他覺得這個東西是社會上沒有的，而且會對人類社會產生新價值，為了創造這個新的價值，每個人都可以突破自己的極限去學習讓這個想法壯大的方式。話說回來，如果一開始我就想要當個CEO，那我可能就走MBA路線，進入職場後再慢慢學也能達成，但方向是完全不一樣的。

問：請問是不是可以請您跟學弟妹們分享您的創業心得呢 ？

答：在我的經驗裡，創業之後所遇到的困難除了要把創意轉變成金錢之外還要改變自己的心態，因為經營事業和在學校做研究是非常不一樣的，創業需要很大的責任感。

我覺得有些東西最好在創業之前就能預先學習與理解。在我剛創業時，去上過很多法律課程。比方說，若要提供電子商務的服務，必須先釐清對使用者與廣告主的權利與義務，否則一收受費用就可能引發消保糾紛，所以法律是很重要的了解。在財務方面也要徹底瞭解遊戲的規則，公司的營運不只是把錢收進來然後花掉，要弄清楚財務三表（資產負債表、損益表、現金流量表）以及三者間的互動關係。比方說，買一台機器是一百萬，在會計帳上不是當年花費一百萬，因為機器必須要分年度攤提折舊，所以特別要注意現金流量，才不會發生報表顯示公司賺錢，卻因現金週轉不靈而發生藍色倒閉。企業要永續經營，就需要各方面的人才分工合作，但要怎麼確保他們願意百分之百的付出他們的智慧或價值，就必須設計一個團隊互動的架構與模式，這其實也就是組織管理了。

總之，如果想要創業就要懂所有營運相關的知識，如果真的無法弄懂就要考慮把創意移轉給有經營能力的人，比如說可以找一家需要這項技術的公司，你把這技術轉換成為他們產品中一個非常重要的核心，這也是另一種創業的模式。

問：最後，想請您針對自己創業和國際化的經驗，給學弟妹提供一些鼓勵和建議。

答：我覺得一個人不論是學習速度、智慧或體力最巔峰的狀態都是在學校的時候，所以要趁機把握各種學習的機會，我在學校的時候去其他系修了一些課程，對我後來創業都蠻有幫助的。所以，我也鼓勵學弟妹不要只學自己專業上的東西，什麼都要學，甚至不只是學一些知識，學做人、學說話都很重要，把握自己巔峰的時間，能學什麼就儘量學，要把學習當成一種興趣，像我現在還是覺得沒有一件事情是學得完的，就算你挑的是一個特別小的領域。另外，開放的心胸也是很重要的，對任何東西都要抱持著願意學習的態度，要先弄懂而不要先入為主判斷好壞。

當然，在企業國際化過程裡，語言能力也相當重要。以交大而

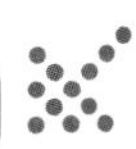

言，因為交大要培養我們成為一個有國際觀的學生，所以學校有很多資源都能讓我們就算沒有出國經驗，還是能跟得上時代的脈動。比方說：圖書館裡有很多外國的資訊、學校很多的老師都是在國外有過教學經驗、上課的原文書等等，甚至是作論文時的那些國外論文的參考網站，都是很好的語言學習機會。

另外，要珍惜師長的指導。因為年紀、經驗的關係，學生的工作經驗或視野、格局都沒有那麼高，所以我覺得老師的輔導對我是很有幫助的。在這方面，我特別感謝當時擔任研發長的林一平老師，他一直鼓勵我把無名小站的一些技術整理成論文，但我沒時間，其實不只在技術上的指導，甚至一些國外營運經驗，老師都給了我很大的協助。記得那時我們是台灣最早開發出用手機寫部落格功能的技術的團隊，林老師對鼓勵學生創新有非常積極正面的幫助，他鼓勵並支持學生去創新、突破，去做一些別人沒做過的事。

我相信交大有很多這樣鼓勵創意的老師，因為交大有這麼多學生做這樣的事情，就是一種從上到下的創新氛圍，很多老師甚至於校長都非常鼓勵學生去創造價值，這是希望學弟妹能珍惜的。

訪談的時間很短，無名小站的故事很長，片段的資訊或許不能窺看箇中艱辛之全貌，但是簡志宇先生的言無不盡也讓我們隱約明白無名小站能有今天的成果，除了源源不絕的熱忱之外，還有對理想的堅持。Google創辦人佩吉（Larry Page）曾說：「不要理會種種不可能，要設定大目標往往比設定小目標容易。當你設定了很大的目標時，你通常會投入更多的資源，能達到目標的方法也會比較多。」簡志宇先生和他的團隊從夢想出發，以為人類社會創造價值為目標，開創出台灣本土的首例校園創業網路傳奇，這「無名小站」不只是交大的榮耀，也是台灣網路產業的新里程。

創業資源的整合專家——

交通大學育成中心主任談創業

黃經堯 教授

記者問（以下簡稱問）：請問老師您從研發處所看到的無名小站創業是怎樣的過程？

黃經堯教授答（以下簡稱答）：當時無名小站剛開始只是個很單純的想法，就是想把非文字的上課內容放到網路上與同學分享。他們想在BBS論壇裡提供個人的網路相簿，因為已經有資料庫和介面，再加上交大提供的空間就如魚得水，當時整個高教制度也非常支持這種自發性的非營利創作。

而後，因無名小站在整個學生的社群中非常知名，隨著會員數量的快速成長，因為交大的計算機中心不是無名專屬的資源，實在無法完全支援無名的需求，所以他們必須去買一些新設備，幾位學生沒有那麼多的錢，而且學校也不可能供給他們資金，迫不得已才有了作廣告的權宜想法，當我們發現這個現象就開始希望能協助他們去做商業化或是創業。

無名小站現在看來是相當成功的案例，但當時在商業化的過程裡遭遇到許多困難，雖然它是個流量很高的網站，但是在資金募集的過程仍相當辛苦，直到賈文中先生投注了大約兩千萬的資金，才正式順

利開始了創業的程序。

當時我們在整個考量過程中，因為無名小站在創業過程中有使用到學校的資源，因此必須要建立雙方同意的回饋機制，所以在這兩千萬的投資裡面就有所謂的一千萬技轉金回饋給學校，同時為了協助處理創業的相關事宜，無名小站正式遷入了學校的育成中心。

後來，為了提升服務的便利性，無名小站離開育成中心創立了「無名小站股份有限公司」，同時和學校簽訂於整體營收提撥3%的獲利反饋（Profit Return）的新回饋合約，直至2006年的年底，無名小站因頻寬不足等因素被Yahoo!奇摩收購，雙方合意以將近台幣七億的收購金額為計算基礎，支付交大該合約約定之獲利反饋（Profit Return），大約新台幣兩千萬左右，這整個商業化的過程大概是這樣的。

問：請問老師您覺得像無名這樣的創業歷程，會不會成為未來交大學生在創業輔導上的參考呢？

答：事實上，我們發現無名小站發展的過程是很自助的，所謂自助是他自己去協商運用學校的資源，然後我們來進行輔導，因為學校不可能給他錢，當初也沒有想過要找誰來做策略夥伴，我們因而發現交大的潛力是無窮的，因為學術研究的成果除了可以技術轉移之外，也可以用來創業的，這就像以前史丹佛大學也不是那麼好的學校，可是從HP發跡到現在Google這些產業新明星，創造出現在赫赫有名的史丹佛大學。

在無名小站的發展過程中，我們發現學生沒有創業概念所以這個部份還是要加以輔導，因此我們從課程規劃裡面加強。另外，透過實習機制，我們有創業村的概念，我們有天使創投（Angel Fund）等等配套措施，我們給予學生開放完整的創業的空間，雖然真正創業成功的機會很少，但當學生要嘗試的時候，我們希望他已經準備好了。比方說：有個做LED相關的廠商，我們輔導好幾年了，他們的團隊要能準備好面對市場，老師如果不出來誰要出來？如何讓他的技術穩固發展，創造無人競爭的市場？ 這些都需要長期去經營，所以我覺得無名小站給我們最大的影響就是證明交大事實上是有不同的機會去國際上競爭的，因為我參與整個智權和運籌，所以我覺得交大可以往這方面發展，至少我個人是可以在這方面有所貢獻。

問：我相信在這樣創新的學風裡，創業對交大的學生而言會益發稀鬆平常，我們育成中心會如何因應呢？

答：我覺得年輕就是要勇於嘗試，只要同學想試，學校一定會盡全力幫忙。在未來的發展上，我想學校還是以一個開放、鼓勵的態度，但學生自己的堅持將是影響最後成功或失敗的關鍵。在創業輔導方面，基本上還是要讓他們先理解創業的過程和創業的風險，並協助他們了解自己的核心技術並找出商業模式後再開始進行創業，當學生開始進行創業的同時，我們在整體的智權保護、育成的服務或資金籌措和策略聯盟方面，也盡力提供學生最好的支援與協助。

建構連結創意與創價的橋樑——

談創業的關鍵能力

曾煜棋 交通大學資訊學院副院長

記者問（以下簡稱問）：請問老師您認為像無名小站這樣的案例創業成功的關鍵能力是什麼？

答： 學校最主要的功能就是創意的搖籃，讓學生可以在這邊玩他們的想法、試他們的創意無需付出額外的成本，無名小站創業成功的關鍵能力主要有二，其一是技術基礎紮實的蹲馬步訓練，再者就是要在對的時間發揮創意。

問：請問老師我們資工系是如何培養這樣的關鍵能力呢？

答：所謂的蹲馬步訓練事實上就是學生基礎能力養成。我們交大資工系除了完善的學程，也非常重視學生撰寫程式的基礎能力，所以學生在畢業前必須通過一個全台資工系首創的程式能力測驗，特別是在這個Internet的時代，創意背後要有資訊技術的支持，才有成功的可能。

在創意發展方面，如何提供一個環境讓學生找到創意是很重要的，舉例而言，交大資工系的計算機中心就是個能孕育創意的溫床，當時無名小站也是從計算機中心開始的。在無名小站這個案例之後，我們希望能系統化的提供學生一些能力養成的訓練，例如我們在課程

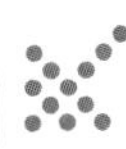

規劃裡要求學生做期末專題；也開設一些創意和創業方面的課程，我們邀請Yahoo、Google、微軟這些公司的工程師來授課；在創業的部份也邀請管理學院的教授來開專利的課程，傳授一些創業的基本知識。

如果我們分析一些國外很成功的案例從創意到創業的過程將不難發現這些創意都是從人的需求開始。一件很普通的事，也可能會變成一個很巨大的商機，而且越來越多例子是從學校出發。例如： 維基百科，是由大家一起合作撰寫百科全書；Skype，透過Internet打字交換意見甚至交談；又例如Google，這應該叫做搜尋引擎的公司，它就只是在網際網路浩瀚的資訊裡幫我們匯整資料，幾乎都是小兵立大功。

雖然大家都很希望複製成功的模式，但我認為要複製這些是非常困難的，因為要能預測出未來使用者需求，然後把時間和精力投入進去開發出來，讓使用者願意用才有可能會成功。所以，基本功與創意二者缺一不可。

問：請問老師假使當時有更多的學術資源來支援無名小站，那無名小站的發展結果會不會有所不同呢？

答：這實在很難預測，說不定把學術加進來就失敗了。比方說，當時的無名小站因為一堆漂亮的相片，吸引了很多高中生、國中生跑來交大的網站上傳相片，這樣的現象看起來對學術沒有任何幫助，但後來大家才發現經營網站就是要經營人氣，網站要成功來自於人氣，所以有時候這種點子不要加入太多學術的成分，反而比較有可能成功。

問：無名小站對資工系而言算是個創意成功典範，請問老師認為這樣的案例對同學們有沒有激勵的作用呢？

答：我想是膽子變大了吧! 在傳統訓練下很多人都習慣被指揮，我覺得在這個案例之後，學生膽子變大了，所以就敢去作很多事，也願意自發性的提議一些方案，這些都是很好的改變。

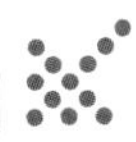

無名小站的關鍵推手——

談創意、創價與創業

林一平 交通大學資訊學院院長

記者問（以下簡稱問）：簡志宇總監曾提到院長在無名草創時給他們很多的指導，請問院長認為無名小站的關鍵成功因素是什麼？

林一平教授答（以下簡稱答）：因為無名小站是一個社交網路（Social Network）的產品，所以最重要的一定要有足夠的人氣，無名小站的團隊算是較早期掌握這個關鍵想法也做的還不錯。我想這有兩個部分至為關鍵；第一就是要有辦法吸引大家進來使用然後把人氣炒起來。那時他們有很多種作法，有一個就是弄相簿，為了想讓更多人點閱，他們又弄了部落格的人氣排名吸引大家的注意力，他們這些年輕人很容易抓住這種想法，我跟他們提過一些意見，年輕人很會去玩這些東西。但這不是成功的唯一關鍵，因為有這種想法的人其實還蠻多的，但大部分都失敗了，為什麼失敗呢？因為這種東西是網路上的應用，一定要能支援服務相當多的人數，所以第二個關鍵就是技術上的問題，這個團隊很認真的克服了這個技術問題。比方說，當系統使用者成長到某個階段時，他們已經接近那種服務業的作法，就是不能讓使用者在登錄時顯示系統忙碌，或是出現資料上傳到一半就不見

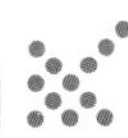

了，要做到這種電信等級的服務是很困難的，你要支援一百人的系統和一千人的系統是還蠻接近的；一千人的系統和一萬人的系統就開始有差別了；一萬人和十萬人的系統複雜度可能超過十倍，從十萬人擴充到百萬人的話可能要相當大的功夫才做得到，但是這個團隊克服萬難確實做到了。做到這兩件事還不足以讓他們可以邁入創業的地步，所以那時候我們研發處的黃經堯教授就扮演一個很重要的角色。

那時候學生們並不清楚該如何把這個東西合法的發展出去，而且當時交大並沒有很完善的法規程序，所以很多東西就需要授權，我想無名小站能夠從校園創業成功其中一個關鍵因素是當時張俊彥校長的完全授權，因為他給我和黃經堯教授很大的自由度，雖然我們因而付出了些代價，但卻也算是開啟了交大校園創業的模式。

問：請問院長您認為無名小站除了創意和技術之外，最重要的創業特質什麼？

答：我認為至少有三個特質很重要，他要有想法（Image）、要有遠見（Vision）還要有毅力（Diligence）去把東西做出來。因為他要在Internet上面做到電信等級的平台是很不簡單的，所以毅力也是他們的關鍵成功要素，大部分的人都在這一關失敗。有些人有很好的創意但是堅持不下去，很多人覺得我有個想法就應該要賺錢，實際上還有很多問題要花時間精力去解決，當他們還在交大的時候一毛錢都賺不到就願意這樣做，靠的就是一股很大的熱忱。

問：因為院長曾深度參與無名小站的成長歷程，請問您覺得這個團隊合作在這個案例裡是扮演怎樣的角色？

答：團隊合作（Teamwork）是無名小站成功的關鍵，因為很多東西是集體討論出來的，所以我覺得這是集體智慧的成果，就好像一盆花裡有紅花、有綠葉，雖然紅花看起來像成果，但若是沒有綠葉的陪襯恐怕他也做不出來，連紅花都無法呈現，所以我覺得他們每個成員都相當重要，因為大家都很認真。

任何一個團隊會成功，成員中的每個人都是貢獻者，當然也有些人是領導者，像簡志宇很顯然就是一個領導者，他是最早想出這些創意和做法，其他人都跟隨他的想法和作法努力去把它做出來。我認為在過程中想要分出個人貢獻度的創業往往都會失敗，像園區很多公司成立不到三年就垮了，原因很簡單，成立第一年就開始內鬨了，大家都覺得我的貢獻比較大，我要怎樣、怎樣，開始有這種想法之後就做不出成果了。

問：請院長從產學合作角度您如何看待創意、創價和創業這三件事呢？

答：我覺得最核心還是這個創意。當你在做創意的時候千萬不要想賺大錢，你要把你的心力放在這上面才會產生東西。

從創意到創業的過程裡，我在指導他們那時候完全沒想過要出去賺錢，我大部分是告訴他們怎麼樣做得更有系統化、更完美之類的。在創造了價值之後就自然會形成一個商業化模式（Business Model），等到那個時間點時，我告訴他們，你如果要繼續把無名小站留在學校，就要縮小規模，但他們一直想要把使用者人數增加到百萬，因為他們決定要把無名小站擴大所以就要進行商業化展開創業的流程。

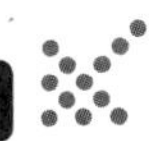

就我個人的觀點而言，我比較希望今天學生在學校能想到些創意，玩的很開心，也從中學到東西這才是最重要的，我不覺得讓他們去創價、創業是我的責任，而且我也不想教他們這個事，我只是告訴他們在這個過程中他們該學到什麼。

問：請問院長像這樣的案例，研發中心應該在什麼時間點介入比較合適？

林：普通要是有這種創意的東西太早弄到研發中心是很容易失敗的，像無名小站這樣的東西，當它上面的人氣超過十萬時再考慮，其他的還是先讓學生自己玩，這也就是說，當創意已經創造某一部份不可取代的價值時，研發中心再介入對它會比較好，像Facebook 一開始只是幾個史丹佛學生想要聯誼在學校裡寫程式，到後來做的很不錯，結果MIT也要、哈佛也想要，都是些名校所以越弄越大，我想當初他們絕對沒有商業化的想法，但現在他們已經創價了，接下來要不要把它變成一個很大的商務，就要完全看那些學生有沒有這種天份了。

問：最後一個問題想請問院長如果無名小站這樣的案例再發生一次，還會按照這樣的模式嗎？

答：這樣的案例不會再發生了。如果再發生了也不會成功，因為時代已經不同了，你一定要有完全不同的想法。很多人一直問我無名小站這麼成功會不會再來一次這種東西。我都回答說再來一次絕對不是無名小站這種走法，這種東西絕對不會重覆，你要找重覆的經驗一定都是失敗的。

你一定要有非常原創性 （original）的東西，才可能成功。在創意的領域裡你只要再重覆一次，就是老二，絕對不會成功了。所以你若要問我怎麼學無名小站，那你只是在學習怎麼失敗罷了。

結語

管理學泰斗彼得杜拉克（Peter F. Drucker）先生說：「人類文化若發生重大的改變，其衝擊也會延續一段很長的時間。特別是人們在認知方面的改變，這種文化改變最為微妙，其滲透效果卻最驚人。」無名小站從交大校園出發朝向國際舞台發展的過程，就是交大校園文化的改變，也是從創意、創價走到創業的真實案例。

創意成功的關鍵通常都由小規模開始，無名小站的創意在交大校園裡萌芽，以顧客為中心的服務模式在消費者需求裡創造價值，進而開創了一個影響台灣網路生態的新傳奇。

創業家隨時都在尋找可以轉變成機會的問題，並且以深具創意的方式，善用有限資源來達成目標。「無名小站」撼動台灣網路生態的故事，從計算機中心開始，在交大的資源沃土裡成長茁壯。如果你也有像無名小站團隊的創意、毅力與熱忱，交大的計算機中心正敞開大門等著你。

國家圖書館出版品預行編目資料

產學合作高等教育論壇：創意、創價與創業／
黃志彬、李鎮宜策劃 ——第一版—— 新竹市
：交大，民 99.02
面； 公分
ISBN 978-957-9038-98-0（平裝）

1. 產學合作 2. 高等教育 3. 創新 4. 創業 5. 文集

403.07 99000443

產學合作高等教育論壇－創意、創價與創業

出版者 | 國立交通大學
發行人 | 吳重雨
發行所 | 交大出版社
策劃 | 黃志彬、李鎮宜
文編 | 謝岹瑄
協力採訪 | 陳致君、邱怡玲
特約記者 | 陳淑芬
地址 | 新竹市大學路1001號
讀者服務 | 03-5736308、03-5131542（周一至周五上午8:30至下午5:00）
傳真 | 03-5728302
網址 | http://press.nctu.edu.tw
e-mail | press@cc.nctu.edu.tw
出版日期 | 99年2月第一版
定價 | 280元
ISBN | 9789579038980
GPN | 1009900208

展售門市查詢 | 國立交通大學出版社 http://press.nctu.edu.tw
或洽政府出版品集中展售門市：
國家書店（台北市松江路209號1樓）
網址 | http://www.govbooks.com.tw
電話 | 02-25180207
五南文化廣場台中總店（台中市中山路6號）
網址 | http://www.wunanbooks.com.tw
電話 | 04-22260330